생선 요리의 과학

'생각하는 혀'를
키우는
어패류 사이언스

생선 요리의 과학

魚料理のサイエンス

나루세 우헤이 成瀨宇平 지음
이민연 옮김

글항아리

차례

제 1 부 생선류

제 2 부 **조개류**

제 3 부 새우류, 게, 조류

서문

1982년 국제포경위원회IWC에서 상업 포경 유예를 채택함으로써 IWC 모든 회원국은 1986년부터 대형 고래류를 상업적으로 포경할 수 없다. 일본인이 본격적으로 고래 요리를 먹기 시작한 것은 에도 시대부터라고 한다. 제2차 세계대전이 끝나고 심각한 식량 부족에 시달리던 시절, 고래 고기는 냄새가 심하고 맛도 없었지만 일본인에게 중요한 단백질 보급원이었다. 그런데 그 시절 지겹게 먹던 맛없는 고래 고기를 막상 먹을 수 없게 되자 어쩐지 조금 섭섭한 느낌이다.

마찬가지로 평소 자유롭게 구입해 요리해 먹던 어패류의 생태계마저 연안과 하천 오염, 무분별한 도시 개발, 대기 오염 등 자연환경의 변화로 커다란 영향을 받고 있다. 200해리 어업 규제를 비롯, 일본 근해에서 포획할 수 있는 어패류의 양이 현저히 감소해서 해외에서 수입하는 상황이다.

흔히 일본인을 폐쇄적, 이기적이라고 한다. 이는 음식에도 해당하는 말로, 일본인은 쌀이든 고기든 생선이든 일본산이 아니면 좀처럼 인정하지 않으려 한다. 심각하게 오염된 도쿄만과 세토 내해에서 잡힌 생선인데도 일본산이라며 특별 취급하는 경향이 있다. 어불성설이라고 생각하겠지만, 어쩌면 이러한 경향은 예로부터 익숙해진 맛이 오늘날까지 전승되었음을 뜻하는 것은 아닐까? 그리고 전통 식품에 대한 향수는 시대가 변해도 어떤 형태로든 남는 법이다.

경제가 침체하기 시작하자 맛집 순례나 포식 습관 등이 사라지고, 기존의 식생활을 반성하는 움직임이 나타나기 시작했다. 하지만 언론은 아직까지도 음식 정보를 쏟아낸다. '맛' '요리' '맛집'이라는 키워드는 일반인이 아니라 언론에 의해 과장되게 표현된 것은 아닐까? '좋은 요리' '인기 있는 레스토랑'은 언론에 의해 만들어지기보다는 평범한 가정, 평범한 사람에 의해 만들어지고, 인정되어야 한다고 생각한다. 전통 식품에 대한 향수가 여전히 사람들의 마음속에 남아 있다면 더더욱 그렇지 않을까?

이 책에서는 일본인이 평소 먹는 어패류 요리와 맛, 특히 오래전부터 존재해온 어패류의 가정 요리와 향토 요리의 맛을 과학적으로 확인하고 검증해보겠다. 의견이 다른 부분에 대해서는 서슴없이 가르침을 주시기 바란다.

나루세 우헤이

제 1 부

생선류

전
갱
이

전갱이는 오전에 사야 싱싱하다

일본인은 도미나 넙치를 맛 좋은 고급 생선으로 친다. 한 번에 수만 마리씩 잡히는 어종이 아니어서 값도 비싸다.

반면 전갱이는 어획량이 많아 대중어大衆魚로 분류되는데, 담백하고 맛있어 일상 식탁에 자주 오른다. 유감스러운 점은 자원이 감소한 탓인지 최근 들어 근해에서 잡히는 전갱이의 가격이 올랐다는 사실이다.

참전갱이는 줄전갱이에 비해 깊은 맛이 적어 고급 일본 요릿집에서는 많이 사용하지 않으며 대중어의 이미지가 강하다. 신선한 전갱이 다타키(칼등으로 생선을 두드려 다진 것)나 정성껏 말린 전갱이 맛은 말로 다 표현할 수 없을 정도인데 많이들 모르는 것 같아 안타깝다.

옛날 나룻배를 타고 도쿄만 앞바다나 사가미만까지 고기잡이를 나가던 시대에 비하면 지금은 운송과 저장 기술이 발달하여 언제든지 신선한 전갱이를 구할 수 있다. 그러나 나룻배를 타고 고기를 잡던 시절만 해도 보통 사람들은 신선한 전갱이를 구하기 어려웠다. 회로 먹고 식중독을 일으킨 일이 있었던지 대개는 조림이나 구이를 해 먹었다. 회나 초무침처럼 날로 먹는 것은 어쩌면 어부만이 누리는 직업적 특권이었을지도 모른다.

지금은 선도가 떨어지면 아예 판매를 안 하고, '생식용' 제품이 따로 있으니 식중독은 거의 걱정하지 않아도 된다.

바다에서 잡아 올린 전갱이는 배에서 저온 저장되어 항구로 운반된다. 어항에 도착한 생선들은 트럭에 실려 전국의 어시장으로 향한다. 도쿄의 경우에는 주로 쓰키지 어시장이다. 동네 생선 가게에서는 어시장에서 매입하여 진열하는데, 그때면 생선이 알맞게 숙성되어 맛도 가장 좋다. 조금 더 욕심을 낸다면, 어시장에서 매입하여 얼음을 넣어 충분히 차게 한 상태의 전갱이를 오전 중에 구입하는 것이 맛있는 전갱이를 먹는 첫 번째 조건이다.

가끔 슈퍼마켓이나 백화점 생선 코너에서 살아 팔딱거리는 전갱이를 발견할 때가 있다. 이는 양식한 전갱이로, 사서 집에 도착할 즈음에는 죽어 있을 것이다. 이러한 양식어는 죽고

나면 신선도가 빠르게 떨어지기 때문에 되도록 빨리 먹는 편이 좋다. 또한 활어 요리점의 수조 속을 유영하는 전갱이는 먹이를 먹지 않기 때문에 살이 말라 맛이 떨어진다는 점을 알아야 한다.

맛을 결정하는 요인은 이노신산

전갱이도 제철이 있기는 하지만 거의 일 년 내내 잡힌다. 보통 전갱이라고 하면 참전갱이를 가리킨다. 등은 청록색이고, 반짝이는 담홍색 측선이 있다. 측선 뒤쪽으로 가시처럼 생긴 마름모꼴 비늘이 있다. 이것을 '방패비늘楯鱗'이라고 한다. 조림, 튀김, 구이를 할 때에는 칼로 이 방패비늘을 미리 잘라내야 먹을 때 편하다. 다타키나 초절임처럼 껍질을 벗기는 경우에는 방패비늘도 함께 제거하면 된다.

신선한 전갱이는 다타키, 초절임에 적합하다. 본래 신선한 생선은 어떤 요리에나 어울리지만 만약 신선도가 떨어져 날것으로 먹기에 적합하지 않다면 구이, 조림, 튀김을 하거나 건조시키면 맛있게 먹을 수 있다.

전갱이의 제철 요리로 다타키가 있다. 전갱이의 머리와 꼬리가 붙은 등뼈 위에 마치 예쁜 장식처럼 전갱이의 이토즈쿠리糸造り(생선 살을 실같이 썰어 만든 회나 초회)를 수북이 담는다. 그 위에 다진 실파를 뿌리고 생강을 갈아 양념으로 곁들인다. 생선회에 어울리는 여러 가지 양념 등을 곁들여 신선함을 더한 다타키는 항상 인기가 있다.

전갱이 살이 담백하고 맛있는 이유는 같은 등푸른 생선에 속하는 정어리나 꽁치에 비해 육질 속의 질소량(맛의 성분인 아미노산과 핵산 양이 기준)이나 지방('일본식품표준성분표'의 지방산 성분 표시에서는 중성지방, 복합지질 등을 합해서 '지방질'로 표기한다)의 양은 적지만, 맛을 내는 결정적 성분인 이노신산이 도미나 넙치보다 많기 때문이다. 그래서 깊은 맛이 난다.

한편 전갱이는 익으면 살이 부서지기 쉽고, 구우면 살이 석쇠에 잘 들러붙는다는 것이 흠이다. 이는 전갱이 살 속의 단백질 때문이다. 보통 생선살의 단백질 함량은 20퍼센트 정도인데, 전갱이도 이와 비슷하다. 삶는 동안에 살이 부서지거나 들러붙는 원인은 결합조직 속에 있는 콜라겐이라는 단백질 성분 때문이다. 졸이거나 굽는 등 가열하면 단백질은 성질이 변한다(분자 형태가 변화함). 단백질 중에는 응고하는 단백질도 있고 부드러워지는 단백질, 전혀 변하지 않는 단백질도 있다.

본래 콜라겐은 가열하면 부드러워지므로, 콜라겐이 많은 살은 잘 들러붙지도 않고 부서지지도 않는다. 전갱이 살은 결합조직이 적고, 조직 중의 콜라겐 양도 적기 때문에 살이 잘 들러붙고 부서지기 쉽다. 전갱이를 물에 삶아 육질을 현미경으로 보면 응고한 단백질이 매우 적다. 전갱이를 구울 때 살이 석쇠에 잘 들러붙고 부서지는 이유다.

전갱이는 연안성 회유어로 일 년 내내 잡히는데 간토에서는 초여름에 잡히는 것은 씨알이 작고, 가을부터 겨울에는 굵은 전갱이가 잡힌다. 9월에 일본 도호쿠 북부 산리쿠 연안에서 잡히는 전갱이는 살이 올라 맛있다.

'일본식품표준성분표'에 기재된 전갱이의 지방질 함량은 3.5퍼센트지만 제철인 초여름에 잡히는 전갱이 살의 지방질은 10퍼센트 가까이 된다. 고등어나 꽁치의 연평균 지방질 함량보다는 적고 참치의 붉은 살보다는 많다.

신선한 전갱이를 하룻밤 말리면 더 맛있다. '전갱이는 다타키보다 반건조 상태가 훨씬 맛있다'고 말하는 이도 있을 정도다. 그 이유는 전갱이 배를 가르고 소금을 살짝 뿌린 뒤 수 시간 말리는 동안 육질 안의 단백질, 특히 근육의 수축·이완을 담당하는 단백질이 점성이 높고 구조가 복잡한 실 모양의 입자로 변하기 때문이다. 소금의 농도는 전갱이 중량의 2~5퍼센트 정도가 좋다. 점성이 높아진 전갱이를 구우면 석쇠에 들러붙지 않아 식감이 쫀득해지고 맛있다.

다만, 아무리 신선한 전갱이를 잘 말렸더라도 너무 바짝 구우면 소용이 없다. 살이 퍽퍽해지는데, 그것은 전갱이 살을 탄력 있게 만드는 화학결합이 깨지기 때문이다.

만약 너무 바짝 구워졌다면 잘게 찢어서 밥 위에 올려 오차즈케茶漬け(녹차에 밥을 말아 먹는 일본 요리)를 만들어 먹으면 좋다. 여기에 장아찌를 잘게 썰어 곁들이면 풍미가 한층 좋아진다. 말린 전갱이 속에 남아 있는 알칼리성 아민류가 장아찌의 젖산에 중화되기 때문이다.

말린 전갱이와 생활의 지혜

전갱이 철에는 반드시 다타키를 먹어야 한다는 사람도 있을 것이다. 다타키는 어부들이 전갱이를 갓 잡아 올려 아직 사후강직이 일어나기 전, 맛도 숙성되지 않은 전갱이 살을 파와 생강과 함께 다져 먹던 요리에서 기원한다. 여기에 더욱 감칠맛을 내기 위해 여러 방법을 강구하여 발전한 것이 오늘날의 다타키다.

지바현 연안의 향토 요리 나메로なめろう(각종 생선을 된장과 함께 다져서 버무린 요리)는 '오키나마스沖なます'라고도 하는데, 전갱이 다타키에 된장과 파, 생강, 차조기 잎 등을 넣어 두들겨 섞은 것이다. 식감이 매끄러워 나메로라는 이름이 붙었다고 한다.

지금은 대부분의 바닷가 관광지에서 말린 전갱이가 선물용으로 팔리고 있다. 간토에서도 말린 전갱이는 초여름 쇼난에서만 볼 수 있었는데, 냉동 저장이 가능해진 요즘은 국내산과 수입산 전갱이를 말려 일 년 내내 판매한다.

옛날에는 우라본盂蘭盆의 불사(조상의 영혼을 위로하는 행사로, 7~8월 중에 열린다)가 끝날 무렵까지만 말린 전갱이를 맛볼 수 있었다. 가을이 다가오면 꽁치가 더 입맛이 당긴다.

'토박이 전갱이'라는 것이 있다. 회유어인데도 회유하지 않고 특정 지역에 서식하는 전갱이를 말한다. 그중에서도 시코쿠와 규

슈 사이에 있는 해협인 '분고수도豊後水道'에 서식하는 것이 가장 유명하다. 낚시로 잡은 큰 전갱이는 '세키아지関あじ'라고 하는데, 활어 또는 이케지메いけじめ(활어의 뇌 부분을 송곳 등으로 찔러서 급사시키고 피를 빼내는 것)로 비싼 가격에 거래되고 있다. 세키아지는 일 년 중 언제 먹어도 맛있기로 유명한데, 도쿄의 고급 요릿집에서 세키아지 한 마리를 회로 먹으려면 값이 꽤 비싸서 일반 사람들은 좀처럼 먹을 수 없다.

제철인데도 불구하고 살이 마른 전갱이가 잡히는 경우가 있다. 쿠로시오 해류를 타고 이동하던 전갱이가 먹이를 찾아 헤매다가 내만内湾에 갇히는 바람에 먹이가 없어 살이 말라버린 것이다.

갈고등어는 전갱잇과에 속한 눈이 큰 생선으로, 가을에 일본 연안에서 많이 잡힌다. 이즈 칠도伊豆七島에서는 가을에 잡히는 갈고등어를 '구사야'로 가공한다. 암모니아 냄새가 강한 구사야 액에 갈고등어를 절여 햇빛에 말린 것이다. 냄새는 심하지만 맛은 좋다. 구사야 액은 생선 내장에 소금을 넣고 장기간 발효시킨 것으로, 다양한 종류의 아미노산과 함께 구사야를 만드는 데 필요한 구사야 균도 들어 있다. 구사야 액에 갈고등어를 절여 말리면 보존성이 좋아지고 깊은 맛이 우러난다. 보통 맛있는 음식은 산성인 경우가 많은데 알칼리성 액에 절여 맛이 좋아진다는 점이 신기하다.

하와이에서 이 구사야와 비슷한 바짝 말린 전갱이를 본 적이 있다. 정확한 이름은 모르지만 하와이대학의 수산학자에 따르면 전갱이 종류다. 야외에서 숯불에 구워 먹었는데 구사야와는 달리 냄새가 고약하지는 않으면서 맛은 구사야와 거의 똑같았다.

그 밖에 포르투갈의 어부들은 한자리에 모이면 전갱이를 구워 먹는다고 한다. 장작불을 피워 꼬치에 꿴 전갱이를 구워 먹는데 그야말로 어부다운 방식이 아닌가. 다타키와 마찬가지로 어부에게 어울리는 시식법이다.

본래 말린 전갱이는 이즈나 에노섬 등 사가미만에 붙은 어항의 명물로, 지금도 이 지역의 특산품이다. 그중에서도 헤이안 시대 말기의 무장 요시쓰네의 탄원서 '고시고에조腰越状'로 유명한 가마쿠라의 고시고에에서는 지금도 짚으로 엮어 말린 전갱이를 판다.

가마쿠라 시내 작은 절의 나이든 주지의 말에 따르면, 예전에는 전갱이의 제철인 초여름이 되면 해가 서쪽으로 기울 무렵에 신선한 전갱이가 햇빛에 닿지 않도록 조심하면서 팔았다. 다만 식중독에 걸리는 걸 막기 위해 반드시 가지를 함께 먹었다고 한다. 가지가 식중독 예방에 효과가 있는지는 모르겠지만 옛사람들의 삶의 지혜에는 나름대로 이유가 있었을 것이다.

붕장어

간토식인가, 간사이식인가

붕장어는 생김새가 장어와 비슷하지만 몸은 원통형이며 길고 가늘다. 몸 빛은 암갈색을 띠며 배 쪽은 흰색이다. 측선에 흰색 점이 크고 선명하게 줄지어 있다. 일반적으로 많이 먹는 것은 마아나 고眞穴子(일본 이름 아나고와 마아나고를 한국에서는 모두 붕장어라고 부른다)다. 측선에 난 막대 모양의 점이 저울의 눈금처럼 보여서 '하카리메ハカリ目'라고도 하며, 메지로우나기, 우미우나기(바닷장어)라고도 불린다.

산란기는 봄부터 여름이고, 여름이 제철이다. 성장 과정에서 저생 갑각류를 먹이로 먹기 때문에 맛이 좋다는 말도 있다.

지방이 적고, 살이 연해 산뜻하면서 아주 맛있다. 다만 잔가시가 많은 게 흠이다. 특히 요리할 때는 등뼈 아래의 잔가시를 제거해서 먹기 쉽게 하는 것이 중요하다. 선도가 떨어지면 껍질이 미끈거리면서 특유의 강한 냄새가 난다. 그래서 활어를 사용해야 한다는 점은 뱀장어와 같다. 뱀장어와 마찬가지로 머리를 쳐내고 등 쪽에 칼집을 넣어 내장과 뼈를 발라낸 뒤에 졸이거나 구워 먹는다. 초밥에는 졸인 붕장어를 사용하는 경우가 많은데, 한 입 크기로 토막 낸 붕장어를 불에 살짝 그을리고 졸인 뒤 오이타의 명물인 유자 후추를 뿌려 먹어도 맛있다.

간토 사람들은 하네다 연안에서 잡힌 붕장어를 주로 튀기거나 졸여서 초밥으로 만들어 먹는 반면, 간사이 사람들은 구이, 국, 붕장어 밥을 즐긴다. 요즘에는 도쿄에서도 붕장어 구이를 볼 수 있다. 붕장어 덮밥, 붕장어 도시락 등이 눈에 띄는 걸 보면 간토에서도 간사이식 요리법이 받아들여지고 있는 듯하다.

일반적으로 많이 먹는 마아나고 중에서 20센티미터 정도의 크기를 '메솟코めそっこ'라 부른다. 메솟코는 한 마리를 통째로 튀겨 먹어도 맛있다. 다 큰 마아나고의 수컷은 40~50센티미터, 암컷은 90센티미터 정도인데 가시가 크고 살이 질겨 튀김에는 어울리지 않는다.

간토에서는 도쿄만에서 잡히는 붕장어가 인기였지만 최근에는 어획량이 줄어 규슈나 세토 내해산 붕장어가 사용되고 있다. 지금은 한국산이나 북한산이 수입되어 일 년 내내 먹을 수 있는데, 일본산에 비해 껍질과 살이 질기다. 간사이에서는 규슈, 세토 내해에서 잡힌 붕장어를 제일로 친다.

뱀장어보다 깔끔한 맛

'일본식품표준성분표'에서 붕장어의 일반 성분을 보면, 단백질 17.3퍼센트, 지방질 9.3퍼센트로, 지방질 함량은 양식 뱀장어 (19.3퍼센트)의 절반 정도다. 지방질 함량이 적어서 맛이 깔끔하다. 아마도 간사이 사람들은 그 깔끔한 맛 때문에 붕장어를 좋아하는 듯싶다.

지방질을 구성하는 지방산 중에는 포화지방산보다 불포화지방산 함량이 높다. 불포화지방산 중에서도 식물성 기름에 많은 올레인산 같은 지방산 함량이 높다.

붕장어는 뱀장어처럼 양념을 하지 않고 초벌구이한다. 이것을 초밥용으로 졸이거나 붕장어 밥용으로 양념을 발라 굽는다. 초벌구이를 하면 지방질 함량이 12~13퍼센트로 조금 증가한다. 수분이 줄어든 만큼 살 속의 지방질 비율이 높아지기 때문이다. 그래서 약간 기름진 느낌이 든다.

붕장어를 초밥용으로 졸일 때 쓰는 양념을 '쓰메ッメ'라고 한다. 초밥의 맛은 쓰메의 질에 좌우되므로 초밥 집에서는 맨 먼저 붕장어를 주문해서 먹어보라고 말하는 이도 있다.

쓰메의 감칠맛은 기본적으로 간장이 맛있어야 하지만, 졸이는 동안에 붕장어의 살이나 뼈에서 우러난 단백질, 아미노산과 지방질이 영향을 미친다. 붕장어를 꺼낸 후에 남은 조림 양념을 좀 더 끓이면 농축되어 맛이 더욱 진해진다.

몸이 가느다란 붕장어는 위쪽이 맛있고, 굵은 붕장어는 아래쪽이 맛있다고 한다. 이처럼 크기에 따라 맛있는 부위가 다른 이유는 몸이 자라고 굵어질수록 아래쪽의 운동량이 많아지기 때문이다. 뱀장어도 마찬가지로 몸 아래쪽 지방질 함량이 더 많다. 그래서 초밥 집에서 붕장어에 조림 간장을 바를 때 위쪽은 껍질에, 아래쪽은 살 쪽에 바른다.

지방질 함량이 적은 편인 위쪽에 조림 간장을 바르는 이유는 적은 지방의 맛을 살리기 위해서이고, 아래쪽 살에 조림 간장을 바르는 이유는 지방질의 맛을 누그러뜨리기 위해서일 것이다.

감칠맛의 원천은 새우, 게, 잔 물고기

위胃가 길고 큰 붕장어는 한꺼번에 많은 양의 먹이를 먹을 수 있다. 욕심이 많아 성어가 되면 뭐든 먹어치우기 때문에 붕장어에는 '악식惡食 물고기'라는 별명이 있다. 배가 볼록하다는 것은 먹이를 잔뜩 먹었다는 뜻이다. 이 상태로 잡힌 붕장어는 금세 부패하고 살도 맛이 없다. 먹이가 소화되어 배가 홀쭉한 붕장어가 맛있다.

붕장어의 감칠맛은 잔뜩 먹어치운 새우, 게, 잔 물고기 덕분이다. 이들 먹이의 성분이 붕장어의 맛을 좌우한다.

간토에서는 튀김이든 초밥이든 20센티미터 정도의 메솟코를 주로 쓰는데, 살이 부드럽고 폭신해서 인기가 높다. 그러나 전자레인지나 냉장고가 보급되면서 이 부드러움을 망치는 경우가 많다. 구운 붕장어를 냉장고에 넣어두면 살이 질겨진다. 더구나 이것을 전자레인지로 재가열하면 수분이 완전히 빠져나가 붕장어의 살이 질기고 뻣뻣해진다. 상온에 보존하고 상하기 전에 먹을 수 있는 양만큼만 요리하는 것이 바람직하다.

붕장어 초밥은 초밥을 만들기 직전에 붕장어를 다시 졸여 맛을 내야 하는데, 여기서 초밥 장인의 솜씨가 판가름 난다. 정성 들여 졸인 쓰메를 붕장어에 바르는데, 뻑뻑한 쓰메는 대개 녹말을 풀어 손쉽게 만든 것으로, '게파타레ゲバタレ'라고 한다.

예전에 도쿄산 붕장어는 대개 하네다 연안에서 잡혔는데, 에도 시대에는 이미 이 근처의 사메즈에 붕장어 구이집이 있었다고 한다. 도쿄만이 오염되고 하네다 공항이 들어서면서 도쿄산 붕장어의 어획량이 줄어, 지금은 효고현의 아코나 아카시가 붕장어 산지로 유명하다.

간사이 지역에는 다양한 붕장어 요리가 있는데, 히로시마현 아키노미야섬은 붕장어 밥의 발상지라고 한다. 양념장과 소금을 넣어 밥을 짓고, 여기에 다진 미나리를 넣어 섞는다. 이 밥 위에 미리 준비해둔 얇게 저며 구운 붕장어를 올린다. 구운 붕장어와 미나리의 향이 어우러져 아주 맛있다.

은
어

'향어'라고 불리는 이유

가을에 강에서 부화한 은어의 치어는 강의 흐름에 떠밀려 바다
로 나간다. 먼 바다까지는 가지 않으며, 간토에서는 도쿄만이나
미우라 반도 연안을 벗어나지 않는다. 추운 겨울에는 영상 10도
안팎의 따뜻한 바다에 서식한다. 벚꽃이 필 무렵에는 5~6센티미
터 정도로 자라고 몸 빛깔도 선명해지며, 바다에서 강으로 서식
지를 옮기기 위해 강을 거슬러 올라간다. 바다에서 서식할 때의
은어를 '해산치어海産稚鮎'라고 한다. 해산치어의 먹이는 원생동물
(나노플랑크톤)이며, 봄이 되어 강으로 가면 수생 곤충이나 갑각류
를 먹기 시작한다. 초여름쯤 되면 규조류나 남조류 같은 식물성
먹이를 먹는데, 이는 은어의 맛과 관련이 있다.

 은어의 이는 퇴화했지만 강바닥 바위에 붙어 있는 규조류나

남조류를 긁어 먹는다. 이 해조류의 향이 은어의 몸속에 스며서 이끼 냄새가 나기 때문에 일본에서는 은어를 '향어香魚'라고도 부른다.

여름부터 가을에 걸쳐 20센티미터 정도 자라 성어가 되면 하구 근처의 산란장으로 이동한다. 이 시기의 은어를 '오치아유落ち鮎'라고 하는데, 지방도 많아서(지방질 6~7퍼센트) 해금기인 6월경에 잡히는 은어보다 맛있다.

가고시마에 있는 호수인 '비와호'와 '이케다호'에는 육봉형陸封型(산란기에 강으로 올라오는 습성이 있는 바닷물고기가 어떤 원인으로 바다로 가지 못하고 그냥 담수에 머물러 살게 되는 형태)의 작은 은어가 서식한다. 성어의 크기가 10센티미터 정도밖에 되지 않아서 소은어라고도 한다. 소은어의 어린 물고기는 반투명의 옅은 색을 띤다. 이를 비와호에서는 '빙어'라고 한다. 이 소은어를 통째로 튀기면 머리와 내장까지 함께 먹을 수 있는데 향도 맛도 일품이다. 특유의 쌉쌀한 맛은 향어라는 이름에 어울린다.

맛있는 소금구이의 비결

은어의 지방질에는 해산어에 많이 들어 있는 '다가불포화지방산'의 종류와 양이 매우 적다. 아마 강에 사는 시간이 길기 때문일 것이다. 그 때문에 맛도 담백하다.

바다에서 강으로 이동할 때의 지방질 함량은 3~4퍼센트로,

'오치아유'보다 적다.

그런데 양식 은어
의 지방질 함량은
10~12퍼센트로, 자
연산 은어의 두세 배에
이르는데, 먹고 나면 느
끼하다. 그러므로 은어

를 먹고 나서 '지방이 많아서 맛있다'는 평은 어불성설이다.

오치아유는 몸빛이 거무스름해서 '사비아유錆鮎'라고도 하며,
일년어一年魚라서 산란 후에는 죽는다.

'초여름의 사자' '청류의 여왕' 등 은어를 일컫는 표현에 걸맞게
자태가 우아하며, '향어'라는 별명처럼 향으로 먹는 생선이다.

은어의 향미를 살려 가장 맛있게 먹는 방법은 소금구이다. 은
어를 통째로 물에 씻고 꼬치에 꿰어 몸통 전체에 소금을 뿌리고,
모양이 흐트러지지 않도록 지느러미에도 소금을 덧뿌려 굽는다.
이때 소금을 뿌리는 방법과 양, 타이밍이 중요하다.

은어 소금구이의 기본은 신선한 은어를 사용하는 것이다. 보
통 어시장에서 얼음에 재워놓고 파는 은어는 잡힌 지 하루 정도
지난 것으로, 소금구이에 가장 적합하게 숙성된 상태다. 강에서
잡은 은어를 소금구이할 때는 잡자마자 산 채로 하기보다는 발
로 살짝 밟아 죽이고 얼마 후에 굽는 것이 좋다.

소금을 뿌릴 때는 모양이 흐트러지지 않도록 지느러미에도 뿌
리는데 너무 많이 뿌리면 짠맛이 강해진다. 지느러미까지 잘 구

우면 고소한 맛이 나므로 지느러미에는 소금을 적게 뿌리는 것이 좋다. 몸통 전체에 소금을 뿌릴 때는 30센티미터 정도 위에서 가볍게 뿌려주면 맛있어진다.

은어 소금구이의 일반적인 방법은 소금을 뿌려서 바로 굽고, 다 구워지면 부드러운 살을 껍질에 묻은 소금과 함께 맛있게 먹는 것이다. 은어에 소금을 뿌리고 30분 이상 지나서 구우면 식감이 약간 단단해진다. 소금을 뿌린 뒤 시간이 지나면 단백질이 호화糊化해 단백질 분자가 그물 모양으로 변하기 때문이다.

은어는 내장에도 향미가 있어서 예로부터 요리할 때 내장을 제거하지 않는 것이 기본이다. 은어 요리는 내장의 향미와 쓴맛을 중시하기 때문이다.

도쿄 미나미아자부에서 레스토랑 '와케토쿠야마分とく山'를 운영하는 노자키 히로미쓰는 은어의 내장을 곱게 갈아 생선 구울 때 바르는 소스에 섞는다. 그리고 이 소스를 발라가며 은어를 굽는다. 간장과 내장의 향과 쓴맛이 조화를 이루어 맛이 있고 내장을 잘 먹지 못하는 사람도 거부감 없이 먹을 수 있다.

은어는 교덴魚田(생선을 꼬챙이에 꿰어 된장을 발라 구운 요리)이나 튀김 요리에도 어울린다. 맛이 담백한 생선이므로 곁들이는 양념은 조금 진한 편이 좋다. 조림이나 찜을 해서 먹어도 맛있다. 물론 조림이건 찜이건 신선한 은어를 사용해야 맛이 있다.

은어의 내장은 젓갈을 담기도 하는데, 내장을 잘게 썰어 담근 것, 곤이(난소)로 담근 것, 이리(정소)로 담근 것 등이 있다. 이런 젓갈들은 쓴맛이나 떫은맛이 나는데 술안주에 적당하다.

은어 양식은 서일본을 중심으로 활발하다. 은어의 서식에 알맞은 비와호가 그쪽에 있기 때문이다. 강을 거슬러 올라가는 은어의 치어를 잡아 양식장에서 먹이를 주면서 키운다.

은어가 바다에서 강으로 거슬러 올라가 강 중류에 이르러 돌의 이끼를 먹기 시작할 무렵이면 대략 크기가 17센티미터쯤 되는데, 이때는 낚시로 잡아도 된다. 6월 1일을 중심으로 해금이 되는데 지방마다 약간의 차이가 있다.

아
귀

아귀 손질의 비법, '매달아 자르기'

이바라키현의 오아라이에서부터 후쿠시마현의 이와키에 이르는 해안가 지역의 명물인 아귀 요리는 도시의 전문점에서 먹는 것과는 맛이 다르다.

아귀의 제철은 겨울이지만 "아귀의 값이 싸지면 봄"이라는 말도 있듯이, 아귀는 봄이 되면 맛이 떨어지는 생선이다.

2011년 3월 11일에 발생한 동일본대지진으로 후쿠시마현의 원자력발전소가 폭발해 후쿠시마현 연안이 방사성 물질에 오염되면서, 아귀뿐 아니라 현 내의 어항에서 잡힌 대부분의 어패류가 거래되고 있지 않다. 현재 후쿠시마현의 어선은 폐업 상태나 다름없고, 기타이바라키부터 소마 연안 지방의 명물인 아귀탕도 먹기 어려워졌다. 현재는 동해나 홋카이도, 산리쿠에서 잡히는 아귀를 사용하고 있다.

아귀 요리는 아귀 손질법인 '매달아 자르기'로부터 시작되며 보통 탕이나 초무침으로 먹는다.

아귀는 바다 바닥에 몸을 붙인 채 안테나처럼 생긴 촉수로 먹이를 잡아 먹으며 잘 움직이지 않기 때문에 피둥피둥 살이 쪄서 몸도 물컹하다. 몸의 80퍼센트가 수분이므로 순전히 물살이다. "요리사가 매달아놓고 해체한다"(시집 『야나기다류柳多留』에 나오는 표현)는 말처럼 물컹한 아귀를 손질하기 위해 '매달아 자르기'라는 손질법이 고안되었다. 아귀의 턱을 고리에 걸어 매달고, 아귀의 입에 물을 가득 부어 위로 들어가게 하여 아귀의 몸을 안정시킨 후에 손질을 시작한다. 이 매달아 자르기는 예로부터 전하는 방식인 듯하다. 에도 시대의 식품사전 『혼초숏칸本朝食鑑』에 "매달아 자르기는 아귀 요리의 비법"이라고 기록되어 있다.

손질한 아귀는 등지느러미를 제외하고는 거의 전부 먹을 수 있다. 등지느러미를 뺀 나머지는 일곱 부분으로 나눌 수 있다. 이것을 '아귀의 일곱 가지 생김새'라고 하며 껍질, 아가미, 알집, 위, 간, 몸통, 지느러미살을 말한다. 아귀는 살과 내장 어느 것 하나도 버릴 게 없는 생선이다.

아귀 요리에는 간이 빠질 수 없다. 아귀의 간은 바다의 푸아그라라 할 정도로 깊은 맛이 일품이다. 찐 간을 얇게 썰어 식초에 찍어 먹는데 일본 전통주에 곁들이는 안주로도 잘 어울린다. 아귀 요리와는 별개로 수입산 찐 간이 가공품으로 판매되고 있다.

된장 양념이 일품

아귀의 맛은 아귀의 탐욕스러운 식생활에서 나온다. 아귀는 바다 밑바닥에 붙어 꼼짝하지 않고 있다가 가까이 다가오는 먹이를 잡아 먹는 일만 하므로 먹이가 가진 성분이 그대로 아귀에 흡수되어 아귀의 맛을 결정한다.

아귀의 간은 41.9퍼센트의 지방질을 함유하고 있다. 참치 뱃살(27.5퍼센트)보다 1.5배나 많아서 훨씬 기름진 맛이 난다. 지방산의 조성을 보면 둘 다 일가불포화지방산이 대부분을 차지한다. 그러나 참치 뱃살에 다가불포화지방산이 더 많아서 생선 식감이 더 강하다.

아귀의 간에는 비타민 A의 한 종류인 레티놀이 많다. 술을 많이 마시면 비타민류가 부족해지기 쉬우므로 술안주로는 최고의 식품이다. 게다가 간 외의 다른 부분은 맛이 비교적 심심해서, 요리에 깊은 맛을 내거나 단백질이나 지방질, 기타 영양소를 보충하기 위해서라도 간이 필요하다.

아귀 살의 지방질 함량은 고작 2퍼센트밖에 안 돼 맛이 담백하지만, 소량의 베타인이나 연한 단맛을 내는 글리신의 감칠맛 성분 때문에 맛있다는 느낌이 든다.

아귀 탕 국물은 와리시타わりした(간장, 설탕, 미림, 멸치 등을 넣어 끓인 전골·냄비 요리용 국물) 맛과 된장 맛 두 가지가 있다. 와리시타로 먹을 경우 간은 데쳐서 탕에 넣는다. 된장 맛은 이바라키나 이와키 지방의 방식으로, 이때 간은 익혀서 으깨 탕의 된장 국물에 섞는다. 이렇게 하면 훨씬 맛이 진한 탕이 완성되는데 이를 '도부지루どぶ汁'라고 한다.

아귀 요리의 본고장은 이바라키현 미토 부근의 어항으로 알려져 있지만 꼭 그렇지만도 않다. 12월 이후에 후쿠시마현 마쓰카와우라 부근에서는 살이 통통한 아귀를 먹을 수 있다. 미토나 후쿠시마에서 먹는 아귀 탕은 앞서 말한 '도부지루'다. '도부지루'는 도랑(도부)에 버려도 될 정도로 작은 아귀를 사용한다고 해서 붙은 이름인데 먹어보면 꽤 맛있다.

'도부지루'는 익힌 아귀의 간을 곱게 으깨 넣어야 하는데, 된장 국물 속에 간 알갱이가 떠다니는 도부지루를 본 적이 있다. 아마도 현지 요리사가 아니어서 도부지루가 무엇인지 잘 몰랐던 것이 아닐까 싶다.

이와키 지방의 '도모스아에とも酢和え'라는 아귀 초무침도 맛있다. 아귀 간에 된장과 간장, 식초, 설탕, 미림 등을 넣어 만든 걸쭉한 소스에 삶은 아귀를 무쳐 먹는다.

아귀의 알집을 넣고 탕을 끓여 먹으면 몸이 따뜻해진다. 내복을 껴입은 정도의 따뜻함을 느낄 수 있다고 해서 '알집'은 '치리멘ちりめん(縮緬, 견직물의 일종으로 바탕이 오글쪼글한 비단)이라고도 부른다.

살을 에는 듯한 추운 겨울에 안성맞춤인 아귀탕. 개인적으로는 와리시타보다는 된장으로 마무리한 도부지루를 먹으면 몸이 더 따뜻해지는 것 같다.

오
징
어

• 갑오징어류

몸통 속에 석회질의 패각, 즉 '오징어 갑'이 있는 오징어다. 갑오
징어, 쇠오징어, 화살오징어, 문갑오징어 등이 있다. 갑오징어는 태
평양 쪽으로는 도쿄만 서쪽, 동해 쪽으로는 도야마만 서쪽의 각
연안, 특히 동중국해와 세토 내해에서 많이 잡히며 간사이, 시코
쿠, 규슈에서 인기가 많다.

• 빨강오징어류

육질이 두껍고, 등 쪽에 검은 반점이 있다. 빨강오징어과 또는
살오징어과라고 한다. 빨강오징어는 '무라사키이카'(보라색 오징어),
'바카이카'(바보 오징어)로도 불린다. 몸 전체 길이는 70~80센티미
터이고 등이 붉다. 남반구와 북반구의 온대 수역에 분포하며 서일
본이나 니가타 근해에서 잡히기도 하지만 거의 외국 어장에서 잡

힌 냉동품이 판매되고 있다. 육질이 두꺼워서 반찬 요리에 적합하며 살오징어는 '마이카眞烏賊' 또는 '무기이카麥烏賊'라고도 한다.

초봄부터 일본 근해의 수온이 상승하면 북상하기 때문에 잡히는 시기는 지역마다 다르지만 일 년 내내 잡힌다. 일본 근해의 남부 해역에서 태어난 새끼 오징어는 태평양 쪽으로 북상하는 것과 동해 쪽으로 북상하는 것이 있다. 양쪽 모두 최종적으로는 홋카이도 근해로 모이기 때문에 홋카이도의 명산물에 오징어가 등장하는 것이다. 홋카이도의 오징어는 산란을 위해 다시 일본 근해로 남하하는데, 이것이 일본인이 가장 많이 먹는 종류의 오징어다. 보리 이삭이 패는 5월경에 새끼 오징어가 많이 눈에 띄기 때문에 '무기이카'(보리오징어라는 뜻)라는 별명이 있다.

• 반딧불오징엇과

도야마만의 특산물이다. 다리에 발광기가 있는 가장 작은 오징어로, 날로 먹거나 졸이거나 데쳐 먹는다.

오징어채, 말린 오징어, 진미채 등 가공품은 거의 동남아시아 어장에서 잡힌 것들이다.

오징어 먹물과 문어 먹물은 다르다

오징어는 회, 초밥, 소금구이(통구이), 튀김 등 요리나 반찬으로 먹거나 젓갈, 간장 절임으로도 만든다. 홋카이도나 도호쿠 지방에

서는 오징어 간을 사용한 요리가 있다(간 된장 절임, 건어물, 조림 등). 자연 건조한 오징어는 홋카이도의 향토 요리인 '마쓰마에즈 케松前漬け'의 재료로도 이용된다.

회나 초밥, 오징어 소면 요리에 점성이 높은 오징어는 적합하지 않다. 일본 흰오징어, 살오징어, 먹오징어처럼 살이 두껍지 않고 씹었을 때의 느낌이 산뜻한 것이 좋다. 살이 두껍고 끈끈한 갑오징어 종류는 튀김에 적합하다.

오징어의 간은 오징어 젓갈을 담글 때 꼭 들어가며, 오징어 먹물을 이용한 가공품이 팔리기 시작한 것도 오래전부터다. 일본에는 도야마현의 특산물로 '구로즈쿠리黑造り'라는 젓갈, 스페인이나 이탈리아에는 오징어 먹물을 넣은 스파게티 소스가 있다. 최근에는 생리 활성 물질을 함유한 오징어 먹물을 넣은 빵이 건강식품으로 판매되고 있다.

오징어 먹물에는 '리소자임'이라는 항균 물질이 존재하는데, 이것은 구로즈쿠리의 보존성과 관련 있는 것으로 알려졌다. 또한 감칠맛을 내는 오징어 먹물에는 다량의 아미노산이 함유되어 있는데, 문어 먹물의 30배가 넘는다. 빵이나 스파게티에 넣고 반죽할 수 있을 정도의 점성이 있다는 점도 특징이다. 같은 먹물이라도 문어의 먹물은 물에 넣으면 퍼져버리기 때문에 이러

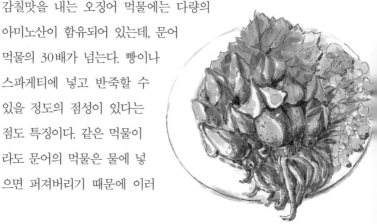

한 식품에는 사용할 수 없다.

반딧불오징어는 날로 먹거나 데쳐 먹는데, '아니사키스'라는 기생충 감염을 막기 위해 되도록 날로는 먹지 않는 편이 좋다. 반딧불오징어의 다리로만 만든 요리로 '오징어 소면'이라는 것이 있다. 살오징어의 몸통을 소면처럼 가늘게 채 썰어 만드는 홋카이도의 오징어 소면보다는 반딧불오징어의 다리로만 만든 오징어 소면이 훨씬 소면 같은 느낌이 든다.

오징어 단맛의 비밀은 아데닐산

오징어의 감칠맛은 종류에 따라 다양하다. 같은 종류라도 어장에 따라 다르다. 신선한 오징어 살의 감칠맛은 주로 엑스분extracts 때문이지만 식감이 끈적거리는지 산뜻한지에 따라서도 맛이 좌우된다. 감칠맛과 관련된 엑스분의 성분은 글리신, 알라닌, 프롤린, 타우린, 리신, 베타인 등의 아미노산류, 핵산 관련 물질(특히 AMP=아데닐산), 당류, 트리메틸아민옥사이드 등으로 알려져 있다.

오징어회, 구이, 말린 오징어를 오래 씹으면 단맛이 난다. 이는 타우린, 리신, 베타인 등 연한 단맛과 감칠맛을 내는 아미노산의 영향이 강하기 때문이다. AMP는 ATP(아데노신 3인산)가 분해되어 만들어진다. 물고기의 경우에는 AMP가 더욱 분해된 이노신산IMP이 감칠맛 성분이지만, 오징어에서는 이노신산까지 분해되지 않는 AMP가 감칠맛 성분이다. 감칠맛에는 핵산 관련 물질이 영향을 미친다. 생선은 이노신산, 오징어는 AMP라는 성분의 차이가 생선과 오징어의 감칠맛을 내는 근본적인 차이를 만들어낸다. 조개나 낙지의 핵산 관련 물질의 감칠맛 성분도 AMP다. 하지만 오징어, 낙지, 조개의 AMP는 각각의 감칠맛을 확연히 드러낼 만큼 강한 맛을 내지는 않는다.

군이 말하자면 아미노산계의 감칠맛이 더 강하다고 할 수 있다.

오징어는 종류에 따라 감칠맛, 단맛, 점성 등이 다르다. 맛의 차이를 확인하려면 회처럼 날로 먹기보다 가볍게 소금을 뿌려 굽거나 말린 오징어를 구워 꼭꼭 씹어 먹으면 된다. 입안에 감칠맛 성분이 퍼지면서 그 맛을 알 수 있다. 자연 건조한 오징어를 구워 먹으면 한층 맛있다. 30~40년 전에는 간식으로 마른 오징어를 구워 먹었다. 질겨서 꼭꼭 씹어 먹어야 했다. 하지만 지금은 사라져가는 식문화다. 여담으로, 일본에서 "씹으면 씹을수록 맛있다"는 표현은 깊이 있는 사람을 가리키는 말로도 쓰인다.

물오징어든 마른 오징어든 씹을수록 턱의 기능이 활발해져 턱근육의 혈액 순환이 좋아지고 아울러 뇌의 기능도 활성화된다. 씹는 행위 자체가 뇌를 자극하기 때문에 뇌의 기능이 원활해져 노화 방지에도 도움이 된다. 오징어에 많은 타우린은 망막의 발달과도 관계 있어 눈 건강을 지키는 데도 도움이 된다.

고급 오징어로 알려져 있는 흰오징어는 단맛이 강한 오징어에 속한다. 하지만 어획량이 적어서 서민들은 좀처럼 맛보기 어렵다. 대부분의 흰오징어가 고급 요릿집으로 납품되는 것 같다. 단맛이 강한 것은 감칠맛 성분인 글리신이 많기 때문이고, 프롤린, 타우린은 그리 많지 않다. 이 계통에 속하는 것으로는 창오징어가 있다. 특히 말린 창오징어는 '이치방스즈一番錫' 또는 '시로스즈白錫'라고 해서 최고급으로 친다. 창오징어회는 흰오징어회에 비하면 단맛은 조금 약하지만 고급스러운 맛이 난다.

갑오징어, 화살오징어, 살오징어에는 글리신이 없어 단맛이 약하다. 그 대신 타우린이 많아 감칠맛이 강하며 프롤린의 양도 많아 달기보다는 맛있다는 느낌이 드는 오징어 그룹에 속한다.

일본 근해에서는 살오징어가 많이 잡히는데, 살오징어에는 앞서 말한 것처럼 프롤린이 많이 들어 있다. 회로 간장에 찍어 먹거나 양념을 발라 구우면 간장의 감칠맛(주로 아미노산)과 염분에 의해 오징어의 맛이 한층 부각된다.

니가타에서 많이 볼 수 있는 반건조 오징어도 살오징어로 만들었다. 소금을 뿌려 수 시간에서 하루 동안 바람에 말리면 수분은 감소하지만 숙성되어 감칠맛 성분이 증가한다. 살짝 구워 먹으면 소금기 덕분에 감칠맛이 더욱 강해지고 살도 단단해져 맛과 식감 모두 좋다.

해변에서 오징어 한 마리를 통째로 간장을 바르면서 구울 때 풍기는 냄새는 도저히 참기 힘들 정도로 식욕을 당긴다. 일본인의 기호에 맞는 냄새. 이 냄새는 타우린처럼 유황을 함유한 아미노산이 분해되어 향이 좋은 유황 화합물로 변하기 때문이다. 다만, 서양인들은 이 냄새를 좋아하지 않는다.

오징어 껍질을 쉽게 벗기려면

오징어의 몸통을 구우면 몸이 안쪽으로 둥그렇게 말린다. 그 이유는 몸과 껍질의 단백질 성질이 다르기 때문이다. 껍질에는 네 개의 층이 있다. 그 가장 안쪽(살과 닿아 있는 부분)은 콜라겐 층으로 이루어져 있어 열을 가하면 콜라겐이 오그라든다. 그와 동시에 몸통의 살이 당겨지기 때문에 둥그렇게 말리는 것이다. 따라서 몸통에 칼집을 넣어두면 콜라겐이 수축하면서 오징어 살이 칼집 양쪽으로 당겨지기 때문에 칼집 구멍이 벌어진다. 이를 이용한 것이 마쓰카사야키松笠焼き(칼집을 넣어 솔방울 모양을 낸 오징어 구이)다. 오징어 껍질을 잘 못 벗기는 사람도 오징어를 뜨거운 물에 잠깐 담갔다가 꺼내면 콜라겐이 변성되어 쉽게 껍질을 벗길 수 있다.

예로부터 오키나와에서는 설사를 멎게 하거나 혈압을 내리는 데 오징어 먹물을 사용해왔다. 이것은 훗날 오징어 먹물에 함유된 아미노산과 지방산 덕분인 것으로 밝혀졌다. 오징어 먹물을 이용한 수프는 진하고 각별한 맛이 난다. 오키나와 특유의 오징어 요리인 '시르이차'(흰오징어)의 먹물 요리는 오징어 먹물, 오징어 다리, 돼지고기를 가쓰오부시 국물에 끓여 소금으로 간을 한 것이다.

생물 오징어나 마른 오징어는 예로부터 길조를 상징하는 식품으로, 선물이나 신사의 신찬神饌(신에게 바치는 음식)으로 사용되어왔다. 오징어 다리를 '돈'에 빗대어 열 개나 되는 다리만큼 많은 돈이 들어오기를 바란다는 의미로 생각한 듯하다.

마른 오징어는 '스르메壽留女'라고 불렸고 혼례의식에 사용했다. 그러다 신부가 도망가면 안 된다는 의미에서 '스르메搶る目'로 바뀌었다고 한다.

오징어 다리를 '게소げそ'라고 한다. 이것은 '벗어놓은 신발'이라는 뜻의 은어인 '게소쿠下足'를 줄인 말이다. 사람들이 모이는 극장, 목욕탕, 여관에서는 오징어 다리가 열 개인 것에 착안해 신발을 열 켤레씩 정리했다는 이야기가 있는데, 신발 열 짝은 다섯 켤레이므로 어쩌면 다섯 켤레씩 정리했는지도 모른다. 지금도 아사쿠사의 소고기전골 식당이나 간다스다모초의 찌개 전문점에는 손님이 벗어놓은 신발을 정리하는 직원이 있어서 신발을 정리하며 손님이 들어왔음을 알린다.

도쿄도 내에서 생물 반딧불오징어를 찾아보기 어려웠던 시절 반딧불오징어 회, 즉 반딧불오징어를 통째로 먹었을 때, 살오징어나 갑오징어와 다른 섬세한 맛에 깜짝 놀랐다. 그 후 반딧불오징어의 간장초절임을 맛본 적이 있는데, 술집에서 먹어본 살오징어의 간장초절임보다 부드러운 맛이었다. 그런데 가나자와金澤의 요릿집 '세키테石亭'에서 반딧불오징어의 간장 절임에 성게알젓을 넣은 반찬을 먹고 반딧불오징어와 성게알젓 맛의 조화에 감탄했다. 이 작은 생물은 상상 이상으로 많은 비밀을 갖고 있는 것이다.

정
어
리

신선함이 생명

일본에서 잡히는 정어리는 여러 종류가 있는데, 일본인에게 친숙한 것으로는 정어리, 멸치, 눈퉁멸 세 종류가 있다. 이중에서 어획량도 많고 널리 보급되어 있는 것이 정어리다. 정어리는 보통 몸길이가 20센티미터 정도이고, 등은 녹색이며, 양쪽 옆구리에 한 줄 또는 두 줄의 검은 반점이 일곱 개 정도 있다. 그래서 '일곱 개의 별'이라고도 한다.

멸치는 일본어로는 가타구치이와시片口鰯라고 하는데 그 이름처럼 입 모양이 조금 남다르다. 위턱이 아래턱을 덮어 씌우고 있는 것처럼 길게 나와 있다. 세구로이와시背黑鰯, 시코이와시しこいわし라고도 불린다. 눈퉁멸은 눈이 지방 막으로 뿌옇게 덮여 있다는 특징이 있지만 몸의 지방은 적다.

정어리는 난류를 타고 겨울에는 일본의 남쪽으로, 여름에는 북쪽으로 큰 떼를 이루며 이동한다. 먹이는 주로 플랑크톤이며 입을 벌려 플랑크톤을 빨아들이듯 먹어치운다.

정어리는 신선도가 쉽게 떨어지고 살이 부드러운 생선이어서 정어리를 선택할 때는 신선도가 가장 중요하다. 신선한 정어리는 비늘이 붙어 있으므로 물속에서 손으로 벗겨낸다. 살이 연약하므로 손질할 때는 칼을 사용하지 않고 손으로 등뼈, 잔가시를 제거하는 것이 원칙이다. 손으로 머리와 내장을 제거하고 뱃속에 엄지손가락을 넣어 등뼈를 빼고 배를 벌린다. 빠르게 손질해야 하며 비린내를 없애기 위해 생강, 유자, 산초, 식초 등을 잘 활용하면 좋다.

정어리 요리에는 회, 소금구이, 조림, 완자, 된장꼬치구이, 튀김, 초절임 등이 있는데 앞서 말한 비린내를 없애는 양념을 사용하는 경우가 많다. 가공품으로는 멸치볶음, 뱅어포, 안초비(기름 절임) 등 멸치를 사용한 것, 정어리나 눈퉁멸의 소금 절임, 건어물, 초절임 등이 있다. 백화점의 식품 매장을 방문할 때마다 새로운 것을 발견할 만큼 다양한 가공법과 가공품이 있다.

비린내를 없애는 비결

'일본식품표준성분표'에 따르면, 정어리의 지방질 함량은 생물이 13.9퍼센트인데 잡히는 시기와 크기에 따라 다르다. 소금에 절이면 1~2퍼센트 정도 감소하지만 소금의 작용으로 살에 탄력이 생겨 맛있어진다. 이동 중에 플랑크톤만 먹는데도 이렇듯 지방이 많은 이유는 꽁치와 비슷한 식성 때문일 것이다. 꽁치도 지방이 많은 플랑크톤만 먹는다.

"정어리도 일곱 번 씻으면 도미 맛"이라는 말이 있다. 정어리 배를 갈라 여러 번 씻으면 지방도 제거되고 비린내도 사라져 도미와 비슷한 맛이 난다는 말이다. 아주 신선한 정어리는 비린내도 없고, 회로 먹으면 부드럽고 달다. 그러나 물에 여러 번 씻으면 수용성의 감칠맛 성분이 사라져버리는 단점도 있다. 신선하기 때문에 숙성에 의한 감칠맛 성분은 적지만, 비린내가 나지 않을 때 먹으면 맛있는 식감을 즐길 수 있다. 하지만 신선도가 떨어지면 비린내가 나기 시작한다. 이는 감칠맛 성분 중 하나인 냄새 안 나는 '트리메틸아민옥사이드'가 세균이나 효소의 작용으로 비린내를 풍기는 '트리메틸아민'으로 변하기 때문이다.

크고 신선한 정어리의 아가미와 내장을 손으로 제거하고 물로 가볍게 씻은 뒤 뜨거운 물을 살짝 부어주면 정어리의 감칠맛과 지방의 맛이 살고 비린내도 잡을 수 있어 회로 먹을 수 있다. 또는 정어리에 술이나 소금을 뿌려 찌면 비린내와 지방의 일부가 증기와 함께 사라지고 수분은 더해져 부드러운 정어리 찜이 완

성된다. 이것을 식기 전에 폰즈폰ず(감귤류의 과즙에 식초를 혼합한 혼합초)나, 곱게 간 무에 고춧가루 등을 더한 양념과 함께 먹으면 맛있다. 물론 정어리 자체에는 생강을 곁들이면 좋다. 술을 사용하면 그 속의 호박산이 정어리의 비린내를 억제하는 효과도 있다. 생강의 효과는 어육 단백질에 의해 방해를 받기 때문에 다 찌고 난 후에 사용하는 것이 좋다.

간토의 정어리 산지는 지바현의 규주큐리로 알려져 있다. 정어리의 도시라는 이미지를 부각시키기 위해서인지 고급 정어리 요릿집이 몇 곳 있는데, 후미진 곳에 있는 작은 요릿집을 찾아가 말린 정어리 요리를 주문했다. 큰 정어리와 중간 크기의 정어리, 눈퉁멸 세 종류가 한 접시에 담겨 나왔다. 도쿄도 내에서 말린 정어리 요리를 주문하면 보통 한 종류의 정어리만 나오는데 세 종류나 먹을 수 있다는 사실에 뿌듯한 기분이 들었다. 세 가지 모두 서로 다른 맛이었다는 점도 흥미로웠다.

정어리를 이용한 향토 요리 중 조시부터 이와키에 이르는 지역에 '정어리의 쓰미이레つみいれ'라는 것이 있다. 간단히 말하면 정어리 완자로, 반죽 안에 된장을 넣는 것이 비결이다. 된장 냄새로 정어리의 비린내를 없애는데, 맑은 장국에 넣으면 국물에서 비린내가 난다. 그래서 국물에는 생강, 실파 등 향이 강한 야채를 더하면 맛있다.

산란기가 지난 정어리는 지방질 함량이 2~3퍼센트밖에 안 되지만 제철의 정어리는 25~30퍼센트로 증가한다. 지방질 함량이 많을 때에는 지방질 전체의 50~60퍼센트가 피하부와 소화관 주변에 몰려 있다. 제철을 맞은 정어리의 살을 껍질이 붙은 채로 회를 뜨면 피하부의 지방층이 선명한 흰색을 띤다. 이것을 간장에 찍어 먹으면 기가 막힐 정도로 맛있다.

정어리의 제철은 6~7월과 11~12월이다. 일 년 내내 잡히기 때문에 제철을 따지지 않고 신선하고 맛있으면 된다며 먹는 사람이 많을 것이다. 멸치의 제철은 가을부터 봄이다. 신선도가 빠르게 떨어지므로 마른 멸치, 뱅어포 등으로 가공하는 경우가 많다. 눈퉁멸의 제철은 여름이다. 제철에는 회로도 먹지만 건어물로 가공하는 경우가 많다.

신선한 정어리가 맛있는 이유는 지방질 함량 외에도 근육에 이노신산이나 아미노산의 양이 많기 때문이다. 살이 연하고 회로 먹을 수 있을 정도로 신선한 것은 숙성은 부족하지만 식감은 좋다. 정어리 엑스분의 질소량은 고등어와 비슷하다. 지방질의 양이 많고 적음에 따라 깊은 맛에 차이가 생긴다. 6월 이후에 지방질 함량이 서서히 증가해 12월부터 이듬해 1월까지 최고치인 25퍼센트 이상이 된다. 산란기인 3월부터 4월경의 정어리는 근육 속에 영양분이 없기 때문에 살이 푸석푸석하다. 하지만 일 년 내내 일본 근해에서 지방질 함량이 적당한 정어리가 잡히고, 냉동 정어리도 시중에 많으니 굳이 제철에 신경 쓸 필요 없지 않을까.

옛날에는 정어리나 눈퉁멸의 건어물은 전부 바짝 말린 것뿐이었다. 그러나 요즘은 반건조 상태가 더 많다. 살짝 소금을 뿌리면 육질의 점성이 올라가고, 말리면 숙성이 진행되어 감칠맛 성분이 증가한다. 말린 전갱이를 다룰 때 이미 말했듯이, 정어리도 소금을 살짝 뿌리거나 반건조한 쪽이 더 맛있다.

정어리 조림에 우메보시梅干し(매실에 소금과 차조기 잎을 넣어 절인 후 말렸다 다시 절이기를 반복해서 만든 것)를 사용하는데, 뼈를 부드럽게 하는 목적이 아니다. 비린내 성분인 트리메틸아민을 우메보시의 구연산으로 중화하여 비린내를 잡아주기 위해서다. 생강도 넣는데 처음부터 넣지 않고 끓어오르기 전, 생선살이 단단해졌을 때 넣는 편이 효과적이다.

정어리를 뜻하는 한자 '약鰯'은 '물고기 어魚'변에 '약할 약弱'을 붙인 형태로, 물에서 잡아 올리면 금방 죽어버릴 정도로 약한 물고기라는 데서 유래했다. 바다에서는 고래나 가다랑어에 쫓겨 먹이가 될 정도로 약하다는 점도 이유 중 하나일지도 모른다. 실제로 정어리는 수조에서 기르기 힘들 정도로 약하다. 많이 잡히고 값이 싸서 인간의 먹거리가 될 법한데, 그보다는 양식어의 먹이가 되는 경우가 많다는 사실은 아이러니하다.

앞에서도 얘기했지만, 정어리는 비린내가 나고 신선도가 금세 떨어지기 때문에 예로부터 싸구려 생선으로 취급받아왔다.

헤이안 시대平安時代(794~1185)의 귀족은 정어리를 먹지 않았지만 당시 문인 무라사키 시키부는 정어리를 굉장히 좋아했다고 한다. 하지만 집 안에서는 정어리를 먹을 수 없었고, 당연히 남편인 후지와라 노부타카 앞에서도 먹을 수 없었다. 어느 날 정어리를 먹는다는 사실을 들킨 무라사키 시키부는 남편에게 책망을 들었다. 그러자 그녀는 정어리를 신사神社 이와시미즈하치만구石清水八幡宮에 빗대어 "이곳을 참배하지 않는 사람은 없듯이, 정어리도 누구나 먹는 맛있는 생선"이라는 의미의 시를 지어 남편을 비난했다고 한다.

멸치는 여성들이 쓰는 말로 '무라사키むらさき'(보라색을 의미)라고 한다. 멸치 무리가 해수면 근처로 접근하면 바닷색이 보라색으로 변해서거나, 멸치에 쌀겨를 넣고 소금에 절이면 멸치 살색이 보라색을 띠기 때문인 것 같다.

장어

자연산과 양식산을 구분하는 방법

현재 식용 장어는 천연산과 양식산이 있는데, 시중에서 판매하는 것은 주로 양식산이다. 장어의 명확한 산란 장소를 놓고 의견이 분분하지만 지금까지 극동산 장어의 생태 연구에 따르면, 마리아나 제도 부근에서 산란하는 것으로 추정한다. 이 해역에서 부화한 극동산 장어의 유생이 약 1년간 바다에서 서식하다가 겨울에 강을 거슬러 올라가 성어가 된 것이 천연산 장어이고, 강 하구에서 치어를 잡아 양식장에서 키운 것이 양식산 장어다. 일본에서는 20센티미터 정도로 작은 것을 '메소우나기めそ鰻' 또는 '메솟코'라 하며, 35센티미터 정도 크기를 '주ちゅう' 또는 '기리きり', 이보다 큰 것을 '아라あら' 또는 '보쿠ぼく' '봇카ぼっか' 등으로 부른다. 일반적으로 100~150그램 정도가 요리에 적합하다. 양식 장어는 크기가 클수록 맛이 떨어진다.

산란을 위해 바다로 나간 장어를 '구다리우나기下り鰻'라고 한
다. 극동산 장어와 유럽산 장어 모두 지구 온난화에 따른 해수온
의 상승, 치어 남획 때문에 해마다 자원이 감소하고 있다. 극동산
장어의 생태에 관해서는 수많은 연구자가 오랜 세월에 걸쳐 조사
연구해왔다. 그 결과 산란 해역은 마리아나 해구로 추정되었다.
이곳에서 어미 장어도 잡히기 때문에 자원 보호와 증식을 위해
인공 부화 및 효율적인 사육법 연구가 진행되고 있다. 자원도 보
호하고 복날에 맛있는 장어구이를 먹을 수 있도록 완전 양식에
성공하기를 기대한다.

장어는 물이 있는 곳이면 어디서든 살 수 있지만 본래는 연안
의 깨끗한 모래진흙 속에서 서식한다. 장어 양식장도 오래되면
더러워지므로 시설 관리가 중요하다. 일본 내의 장어 양식 사업
은 설비비, 관리비, 인건비 등에서 중국이나 동남아시아보다 막대
한 비용이 필요하다. 그래서 한때는 대만에서 사업장을 운영하는
일본 업체가 많았는데 지금은 인건비
등을 이유로 사업장을 중국으
로 옮기고 있다.

일본에서 식용으로 판
매되는 장어에는 일본
산 양식 장어도 있지만,
슈퍼나 백화점 식품매장
에서 판매하고 있는 장어

구이 가공품은 대개가 중국에서 양식한 장어를 가공한 것이다.

자연산 장어의 양이 감소하기는 했지만 그래도 일부 고급 전문점에서는 자연산 장어의 소금구이나 양념구이를 먹을 수 있다.

자연산 장어의 살이 쫄깃하고 맛있는 이유는 강바닥의 새우, 게, 지렁이, 물고기 등을 닥치는 대로 먹어치우고 활발하게 움직이기 때문이다. 장어의 제철은 무더운 복날로 알려져 있지만 실제로는 산란을 위해 영양분을 충분히 섭취하고 바다로 향하는 가을이다. 장어의 몸은 서식 장소에 따라 색이 많이 다른데, 보통은 등이 흑회색이고 배는 은백색이다. 양식 장어의 색은 이와 같지만 자연산 가을 장어는 배가 노란색이므로 구별하기 쉽다.

양식 장어는 지방이 많은 떡밥을 충분히 주어 양식하기 때문에 지방질 함량이 많은데다 항상 먹이통 주변에 모여 있기 때문에 운동량도 적어서 살에 탄력이 없다.

장어구이 냄새의 비밀

양식 장어의 지방질 함량은 20퍼센트 정도다. 자연산 장어도 산란기에는 20퍼센트 이상의 지방질을 함유하지만 보통은 양식산보다 적다. 복날 무렵 장어의 지방질 함량은 15퍼센트 이하로, 가을 장어보다 적다.

장어 요리에는 반드시 활어를 사용한다. 장어의 눈 부근을 송곳 같은 것으로 찔러 도마에 고정한 뒤, 등을 가르거나 배를 가른다.

간토식은 등을 갈라 머리를 제거하고 장어를 꼬치에 꿰어 초벌 구이한 다음 찐다. 마지막으로 양념을 발라 굽는다. 이것이 간토 식 장어구이다. 간사이식은 배를 갈라 머리가 붙은 채로 초벌구 이한 다음 찌지 않고 양념을 발라 굽는다. 흰 밥 사이에 머리까 지 통째로 한 마리를 양념구이한 장어를 넣은 덮밥은 간사이식 장어덮밥 '마무시まむし'다. 간토의 장어구이는 한 번 찌기 때문에 입에서 살살 녹는 듯 부드럽고, 간사이식은 찌지 않기 때문에 살 이 약간 단단하다.

장어 전문점의 생명이나 다름없는 것이 양념구이용 소스다. 오 래된 가게일수록 조상 대대로 내려온 소스를 사용한다. 하지만 실제로는 수년에 걸쳐 계속 사용할 수는 없으므로 가끔 새로 만 든 소스를 섞어 사용한다.

일반적인 장어구이 소스는 미림과 간장을 일 대 일로 섞어서 만든다. 물론 품질이 우수한 미림과 간장을 사용한다. 오랜 시간 끓인 미림에 살짝 끓인 간장을 더하면 적당히 달고 진한 맛이 난 다. 장어 전문점에서는 이렇게 만든 소스를 매일 사용한다. 여기 에 초벌구이한 장어의 감칠맛과 지방분이 더해지므로, 사용하면 사용할수록 맛있는 소스가 된다. 소스를 만들 때 미림을 줄이고 대신 설탕을 사용하면 맛이 떨어진다. 아마도 미림 속의 유기산 이 중요한 기능을 하는 게 아닌가 싶다.

언젠가 소스의 감칠맛을 내는 성분인 아미노산의 종류를 조사 한 적이 있다. 오래된 식당에서 사용하는 소스와 시판 중인 소스의 아미노산 종류를 비교했는데, 주된 아미노산은 양쪽 모두 글루타민산이었다. 다만 전자의 소스에는 암모니아가 비교적 많이 함유되어 있었다. 초벌구이한 장어에 소스를 바를 때는 소스가 든 항아리 속에 장어를 담갔다가 꺼낸다. 이때 장어에서 나온 아미노산이 소스 속에 스며들고 이 과정이 오랜 시간에 걸쳐 반복되는 동안 아미노산이 암모니아로 변한 것으로 생각된다.

장어구이집 앞을 지나가면 연기와 함께 코끝을 맴도는 장어 굽는 냄새가 군침을 돌게 한다. 이 맛있는 냄새는 민물 생선 특유의 비린내를 내는 '피페리딘' 때문인 듯싶다. 이 피페리딘과 생선 냄새인 트리메틸아민, 장어 속 지방, 나아가 소스 속의 간장, 미림의 당분이 장어 굽는 냄새를 좌우한다. 특히 장어를 구울 때의 냄새는 '당-간장(아미노산으로는 메티오닌)-어유(장어의 지방질)-피페리딘'의 관계가 중요하다. 아울러 냉동이나 진공 포장된 가공품에서 장어구이 냄새가 별로 나지 않는 이유는 피페리딘이 감소했기 때문이라고 한다.

바다 생선인 정어리나 꽁치의 양념구이는 장어구이와는 만드는 방법이 완전히 다르며 양념구이 특유의 냄새도 나지 않는다. 바다 생선에는 피페리딘이 존재하지 않기 때문일 것이다.

'일본식품표준성분표'에 따르면 장어의 지방질 함량은 20퍼센트다. 이것이 초벌구이하면 약 26퍼센트로 증가하고 양념을 발라 구우면 21퍼센트가 된다. 지방질 함량이 이렇게 증가하는 이유는 초벌구이나 찌는 과정에서 수분이 감소하기 때문인데, 이때 지방도 많이 손실되므로 지방질은 눈에 띄게 증가하지 않는다. 먹은 뒤에 입안에 느끼한 맛이 남는 것은 지방질이 많은 양식 장어다.

자연산 장어와 양식 장어의 맛을 비교하면 양식 장어 쪽이 맛이 진하고 느끼하다. 이는 자연산과 양식 장어의 지방질 성질이 다르기 때문이다. 양식 장어의 지방질 함량은 12~20퍼센트다. 이에 반해 자연산 장어는 산지, 시기에 따라 다르지만 많아야 20퍼센트, 적을 경우 3퍼센트밖에 안 될 때도 있다. 지방을 구성하는 지방산의 종류를 보면, 양식 장어의 지방에는 다가불포화지방산이 많고, 자연산 장어의 경우에는 올레인산(식물성 기름에 많다)이 많다. 전자인 다가불포화지방산이 많으면 생선의 맛이 진해지는 것으로 알려져 있다. 양식 장어의 먹이로 정어리 분말이 사용되므로, 정어리의 다가불포화지방산이 양식 장어에 축적되어 양식 장어의 맛이 진해지는 것이다. 즉 우리가 보통 먹는 장어의 맛은 안타깝게도 정어리 분말에 의해 만들어진다는 말이다.

올레인산은 장어 등 민물고기나 담수 양식어에 많다. 인체 내에서 올레인산이 어떤 기능을 하는지에 대해서는 알려진 바가 별로 없다. 다만 올레인산은 EPA나 DHA와 달리 체내에서 합성 가능하므로 굳이 식품으로 섭취하지 않아도 된다고 한다.

한편 리놀산은 혈중 콜레스테롤을 낮추는 효과가 있는 것으로 알려졌는데, 체내에 필요한 좋은 콜레스테롤까지 감소시킨다는 단점도 있다. 그런데 최근 조직 속에 많이 존재하는 올레인산이 나쁜 콜레스테롤을 감소시키는 효과가 있는 것으로 밝혀져 중요성이 새롭게 인식되었다.

장어는 날로 먹지 않는다. 왜냐하면 혈액 속에 '이크티오톡신'

이라는 신경독이 있기 때문이다. 생물 장어의 혈액이 체내로 들어가면 설사, 혈변, 구토를 일으키고, 눈에 들어가면 결막염을 일으킨다. 이 독소는 열에 약하기 때문에 가열하면 문제가 없으며 초무침을 하면 식초에 의해 독소의 활성이 약해진다.

러시아인도 매우 좋아하는 장어

옛날에는 장어구이 집에서 장어 양념구이를 주문하고 음식이 나오기까지 한 시간은 족히 걸렸다고 한다. 주문을 받고 나서 숯불을 피우는 데 5분, 싱싱한 장어를 잡아 꼬챙이에 꿰기까지가 5분, 초벌구이에 7분, 찌는 데 40분, 양념을 발라 굽는 데 5분으로, 총 한 시간 이상 걸린다. 그동안 손님은 장아찌 등을 안주로 술잔을 홀짝이면서 기다렸다고 한다. 장아찌 맛도 장어구이 못지않게 중요한데, 장아찌가 맛있는 가게는 장어구이도 맛있었다고 한다.

장어는 둥글고 긴 마룻대(무나기むなぎ) 같은 모양새여서 『만요슈萬葉集』(일본에서 가장 오래된 시가집)에서는 장어(우나기うなぎ)가 아니라 '무나기'로 표현되었다.

겐로쿠 시대元禄時代(1688~1704) 초기부터 장어를 보양식으로 먹기 시작했다고 하는데, 그것은 아마 끈질기게 벽을 타고 올라가는 덩굴처럼, 꿈틀꿈틀 움직이면서 물이 조금만 있으면 제방에서도 살아남는 장어의 강한 생명력 때문일 것이다.

히라가 겐나이(일본 에도 시대의 박물학자이자 화가, 도예가)도 "복날에는 장어"라며 장어가 여름철 몸보신에 효과가 있다고 홍보했다. 그렇지만 장어가 영양학적으로 정력에 좋다는 말은 근거가 희박하다. 물론 비타민 A가 간과 살에 많고, 지방이 많아서 100그램당 열량이 34칼로리나 된다. 게다가 '복날'에 먹는 자연산 장어는 제철이 아니어서 지방질 함량이 가을 장어에 비해 적다는 점은 앞서 이야기했다.

장어가 몸에 좋은 이유는 비타민 A의 함량이 많고 다가불포화지방산을 함유하고 있기 때문이다. 또한 몸 표면의 점액 성분에 항암 효과가 있음이 실험을 통해 밝혀졌다.

장어는 거의 양념구이로 먹는다. 그 밖에 소금구이, 장어말이, 튀김 등이 있다. 간은 탕이나 구이, 찜 등으로 먹는다. 등지느러미는 부추와 함께 꼬치에 감아 양념구이 소스를 발라 굽는데 모두 정력에 좋을 듯한 요리법이다.

서양인들은 일본인에게서 간장 냄새가 난다고 하지만 간장을 이용한 양념구이는 서양인들도 좋아하는 듯하다. 미국의 고속도로 변에 '데리야키TERIYAKI'라는 간판이 많은 것만 봐도 알 수 있다. 또한 러시아인은 장어 양념구이를 좋아한다. 구소련 시절에 나리타에 있는 친구의 별장에 대여섯 명의 소련 대사관 직원들을 초대한 적이 있었다. 안마당에서 장어 양념구이를 해 먹었는데 그들의 왕성한 식욕에 깜짝 놀랐다. 한 사람당 장어 네댓 마리를 먹어치우는 바람에 우리는 입에 대보지도 못했다. 그들을 장어 양념구이에 빠지게 만든 건 아무래도 간장의 특유한 맛이 아닐까?

가
다
랑
어

가을 가다랑어의 인기

초여름 사가미만 앞바다에서 잡히는 가다랑어는 '첫물 가다랑어'라고 하여 이미 에도 시대부터 도쿄 사람들에게 인기가 있었다. 지금도 여전히 첫물 가다랑어의 맛을 최고로 치는 사람이 있다. 사가미만 연안에서 잡히는 가다랑어는 4월경부터 한두 달 동안 정어리를 충분히 잡아먹어 4킬로그램이 나갈 만큼 살이 통통하다. 최근에는 남쪽 바다에서 일본을 향해 이동하는 도중에 아직 살이 충분히 오르지 않은 가다랑어를 오가사와라 제도 근해에서 잡아 '첫물 가다랑어'로 출하하는 경우가 많기 때문에 예전만큼의 인기는 누리지 못한다.

이와는 달리 산리쿠에서 남쪽으로 이동하는 '가을 가다랑어'는 살이 통통하게 올라 인기를 끌고 있는데, 이 가을 가다랑어는

10월경에 도호쿠 지방의 태평양 앞바다에서 잡힌다.

저온저장 기술이 발달하면서 가다랑어회나 다타키(도사즈크리土佐造り라고도 한다)도 일 년 내내 맛볼 수 있게 되다 보니 이제 어느 철에 잡힌 것인지는 중요하지 않다. 원양어업은 어선의 규모가 커지고 설비도 향상되어 가다랑어를 냉동 상태로 들여오고 있다. 신선도 면에서도 잡은 즉시 동결시키기 때문에 전혀 문제되지 않으며, 주로 가쓰오부시의 원료로 사용된다. 이즈 닷코 지역의 가쓰오부시 장인은 이즈 제도 근해에서 잡힌 가다랑어를 가쓰오부시로 가공하던 시절에 비하면 가쓰오부시의 질이 떨어졌다고 한탄한다. 왜냐하면 요즘은 거의 냉동 가다랑어를 사용하는데 이 냉동 가다랑어와 공장 부근에서 잡은 이즈의 신선한 가다랑어는 육질 자체가 크게 다르기 때문이다.

가다랑어의 몸은 양 끝이 뾰족한 방추형으로, 등은 검푸른색이고 배는 은백색이다. 양쪽 옆구리에는 진한 검푸른색 줄무늬가 여러 개 있는데, 이는 사후에 생기는 것이다. 4~6킬로그램 정도의 가다랑어가 맛있다.

가다랑어를 회로 먹을 때는 중간 뼈를 기준으로 양 옆의 살을 발라내고 가운데의 붉은 살을 떼어내 등 쪽과 배 쪽으로 나눈다. 붉은 살은 비린내가 강하므로 회로 먹기에는 적합하지 않다. 다타키로 먹을 경우에는 껍질이 붙은 채로 꼬치에 꿰어 소금을 뿌리고 겉부분만 살짝 굽는다. 원래는 짚을 태운 잿불에 굽지만 가정에서는 가스불을 사용할 수밖에 없을 것이다. 껍질째 구우면 비린내가 사라지고 가다랑어의 풍미도 살아난다. 이 밖에 된장

무침, 소금구이, 양념구이 등을 해서 먹어도 좋고, 살을 발라내고 남은 머리나 뼈 등을 넣고 된장국을 끓이거나 내장으로 젓갈을 담가 먹기도 한다.

가다랑어를 이용한 가공품으로는 가쓰오부시, 가다랑어 살에 소금을 뿌려 익힌 '나마리부시生節, 生利節' 등이 있다.

회, 다타키의 양념에는 향이 강한 생강, 마늘, 파를 넣거나 느끼한 맛을 없애기 위해 무를 갈아 사용하기도 한다. 가쓰오부시 국물이 들어간 진한 맛의 '도사 간장土佐醬油'이나 폰즈 간장에 찍어 담백하게 먹는 방법도 있다. 폰즈 간장에 찍어 먹으면 간장의 새콤한 맛이 트리메틸아민의 나쁜 냄새를 줄여준다.

가쓰오부시의 감칠맛은 이노신산

가다랑어의 맛을 '일본식품표준성분표'의 수치로 살펴보자. 가다랑어의 지방질 함량은 봄에 잡은 것(생물)이 0.5퍼센트, 가을에 잡은 것(생물)이 6.2퍼센트다. 몸통의 크기, 계절, 부위에 따라 차이가 있지만 초여름에 잡힌 1킬로그램 정도 되는 가다랑어의 지방질 함량은 1퍼센트 미만이다. 3킬로그램 정도인 가다랑어의 지방질 함량은 2퍼센트 수준이고, 4킬로그램 정도는 약 3퍼센트로, 크기가 클수록 지방질 함량도 많아진다. 초여름 첫물 가다랑어와 9월경에 잡히는 가을 가다랑어의 지방질 함량을 비교하면 첫물 가다랑어는 0.5퍼센트, 가을 가다랑어는 6퍼센트 정도이며,

가을 가다랑어 중에는 지방질 함량이 10퍼센트나 되는 것도 많다. 꽁치나 정어리에 비하면 적은 편이지만 기름진 맛을 좋아하는 현대인들은 가을 가다랑어를 선호한다.

본래 도쿄 사람들은 가을 가다랑어를 별로 좋아하지 않았다. 산리쿠나 이와키에서 가을 가다랑어 맛을 본 도쿄의 생선 도매상이 그 맛을 알리면서 도쿄에서도 갑자기 가을 가다랑어의 인기가 높아진 듯하다.

같은 가다랑어라도 부위에 따라 지방질 함량이 다르다. 첫물 가다랑어의 배 쪽의 등뼈에 가까운 살의 지방질 함량은 0.5~2퍼센트, 배 쪽의 껍질에 가까운 살은 많으면 1~5퍼센트나 된다. 뱃살에도 지방질이 많지만 참치 뱃살만큼은 아니다.

가다랑어에는 이노신산이 많다. 회유어인 가다랑어는 일본 해류를 타고 매우 빠른 속도로 이동하는데 이때 ATP(아데노신 3인산)가 체내에서 분해되면서 힘을 얻는다. 가다랑어는 이동 중에 많은 ATP를 저장하기 때문에 외줄낚시나 기계낚시로 잡으면 사후에 ATP가 분해되어 이노신산이 많이 생성된다. 그래서 가쓰오부시라는 '국물'을 내는 식품의 원료에도 적합한 것이다.

가다랑어의 엑스분 중에는 이노신산 외에 크레아틴이나 히스티딘도 많아서 진한 맛이 느껴진다.

가다랑어의 다타키 또는 도사즈쿠리에는 큰 가다랑어가 적합하다. 잿불이나 가스불로 표면을 살짝 그을려 파 등의 양념을 넣고 두드린다. 신선한 가다랑어의 살은 이노신산이 충분히 생성되지 않아 깊은 맛이 없지만, 굽고 가볍게 두드리는 과정을 통해 맛이 더욱 좋아진다. 경험에서 얻은 삶의 지혜가 만들어내는 맛이라 할 수 있다.

회로 먹기에는 1.5킬로그램 정도의 작은 가다랑어가 적합하다. 껍질이 부드럽기 때문에 껍질째 회를 뜨면 껍질 아래에 붙어 있는 지방의 맛을 음미할 수 있다. 크기가 작아서 붉은 살을 제거하지 않아도 비린내가 나지 않는다.

큰 가다랑어는 껍질이 질기기 때문에 뜨거운 물을 부어 부드럽게 한 후에 회를 뜨면 껍질 아래의 지방을 맛볼 수 있다.

회는 차가워야 맛있기 때문에 그릇과 찍어 먹는 간장도 차게 식혀두는 편이 좋다. 가다랑어는 주로 여름에 먹는 생선이므로 방심하면 금방 따뜻해져서 맛이 떨어지는 경우가 많다.

가쓰오부시는 일본 요리의 맛을 내는 기본인 '다시'의 재료로 많이 쓰인다. 최근에는 '다시노모토だしの素'라는 간편한 가공품이 널리 사용되고 있지만 깎은 가쓰오부시를 끓여 우려낸 '다시'에는 다시노모토는 따라갈 수 없는 깊은 풍미가 있다. 가쓰오부시 다시의 감칠맛의 주성분은 이노신산이다. 이것은 생선을 잡아 올린 뒤 ATP가 분해됨으로써 생성되는 것으로, 분해가 지나치게 진행되면 이노신산이 다른 물질로 변해버리기 때문에 그전에 적정량의 이노신산이 형성된 신선한 가다랑어를 사용한다.

가쓰오부시를 만들려면 가다랑어를 크기에 따라 세 조각 또는 다섯 조각으로 잘라 충분히 익힌 후에 훈연하고 곰팡이를 접종해서 번식시킨 뒤, 다시 건조하는 과정을 반복해서 60~70퍼센트의 수분을 15퍼센트 안팎으로 줄인다. 가쓰오부시 내부의 수분까지 증발시키기 때문에 보존성이 높다. 좋은 가쓰오부시는 다시에 우러나는 이노신산 양이 많고 훈연 과정에서 밴 구수한 향이 감돈다. 아울러 건조 상태도 가쓰오부시의 질을 좌우한다.

가쓰오부시를 깎아 잘 우려낸 '다시' 100그램 속에는 25그램 정도의 이노신산과 핵산 관련 물질인 아데닐산, 아미노산인 아르기닌, 타우린, 크레아틴이 함유되어 있다. 또한 훈연 성분과 어육 단백질이 반응하여 생성된 다양한 향 성분도 들어 있다.

조금 두껍게 깎은 가쓰오부시를 김이 모락모락 나는 갓 지은 흰 밥에 얹어 꼬불꼬불 오그라드는 모양을 보면서 약간의 간장을 뿌려 먹으면 가쓰오부시 본연의 풍미를 맛볼 수 있다.

최근에는 진공 포장해서 판매하는 가쓰오부시가 많은데, 이렇게 진공 봉지에 들어 있는 가쓰오부시는 표면적이 크기 때문에 오랫동안 사용하지 않고 방치하면 지방질이 산화하고 맛이 떨어진다. 또한 미완성된 딱딱한 가쓰오부시를 회전식 대형 칼날로 깎을 때 칼날과 가다랑어가 닿는 면에서 높은 마찰열이 발생하기 때문에 가쓰오부시의 풍미가 낮아진다. 편리함을 내세운 대신 맛은 조금 떨어질 수밖에 없다. 이런 제품은 다시를 우려내는 데 사용하기보다는 나물 무침 등에 적합하다.

옛날에는 식사 시간만 되면 집집마다 가쓰오부시 깎는 소리를 들을 수 있었다. 그러나 요즘에는 고급 요릿집 앞을 지나치다 우연히 견습 요리사가 가쓰오부시 깎는 소리를 들을 수 있을까, 이제는 거의 잊힌 소리가 되었다. 일본의 부엌에서 사라진 옛 모습

중 하나다.

가쓰오부시로 만든 '가쓰오부시 다시'에 포함된 아미노산인 안세린이나 펩티드는 고혈압 등의 생활 습관병을 예방하는 데 효과가 있는 것으로 알려져 있다.

도쿄 사람들의 지혜

도쿄 사람들이 이상할 만큼 첫물 가다랑어에 열광했었다는 사실은 그 당시의 시조나 단가에서 엿볼 수 있다. 상류 계층, 서민 할 것 없이 초여름에는 가다랑어를 먹는 일이 하나의 의식이었던 모양이다.

당시 고기를 잡던 '나룻배'로는 사가미만에서 잡은 신선한 가다랑어를 니혼바시의 어시장까지 실어 나르기 어려웠다. 그래서 힘들게 잡은 가다랑어를 먹지도 못하고 버리는 경우가 많았다. 또 상해서 검게 변한 가다랑어를 먹고 식중독을 일으킨 예도 적지 않았던 것 같다. 심각한 식중독을 두려워해서 '독어毒魚'라는 별명까지 붙었다고 한다.

전당포에 옷을 잡히고라도 손에 넣으려고 했다는 이야기를 들으면 첫물 가다랑어가 도쿄 사람들의 침샘을 자극하는 최고의 생선이었음을 알 수 있다. 물이 좋은 가다랑어는 귀족이나 고급 요릿집에 먼저 팔려나가기 때문에 서민들이 니혼바시의 어시장에서 살 수 있는 것은 신선도가 떨어질 수밖에 없다. 그래서 직접 배를 타고 시나가와 앞바다로 나가 고기잡이 배에서 신선한 가다랑어를 사서 잔치를 벌이는 사람도 있었다고 한다. 무장武將이었던 호조 우지쓰나는 낚싯배를 타고 나가 배에서 갓 잡은 신선한 가다랑어를 먹는 방법을 최초로 생각해냈다고 한다.

도쿄 사람들은 가다랑어를 겨자초장이나 차가운 소금 술에 버무려 먹는다. 비린내를 없애거나 세균의 증식을 막을 수 있는 안전한 방법이라고 할 수 있다.

가마쿠라 시대鎌倉時代(1185~1333)의 무사는 전쟁터에 '나마리부시'를 지니고 나갔다. 먹을 것이 부족한 전쟁터에서 나마리부시는 무사에게는 단백질을 섭취하는 데 요긴한 식품으로, 뼈를 발라 손질한 가다랑어를 익혀 한 번만 훈연 건조하여 만든 것이다. 간토에서는 오이 값이 떨어지면 나마리부시가 많이 팔린다는 말이 있는 것처럼 '오이 가쓰오부시 초무침'을 만들어 먹으면 맛있다. 가지와 나마리부시 조림도 맛이 일품이다.

꼬
치
고
기

일본 근해에 서식하는 꼬치고기의 종류로는 아카가마스赤魳, 아오가마스靑魳, 애꼬치가 있다. 동네 생선 가게나 슈퍼, 백화점 생선 코너에서 볼 수 있는 것은 대개 아카가마스다. 보통은 가마스(꼬치고기) 또는 혼가마스本魳라고 부른다. 아카가마스는 이름처럼 등 쪽이 약간 붉은 기가 도는 황갈색을 띤다. 배 쪽이 청록색인 아오가마스나 애꼬치는 별로 맛이 없다.

가을 생선으로는 꽁치가 유명하지만 꽁치보다 한 발 앞서 가을이 왔음을 알려주는 것이 바로 꼬치고기다. 꼬치고기와 꽁치 둘 다 구워 먹어야 제 맛이 난다.

가을에는 맛있는 생선이 많다. "가을 고등어는 며느리 주기 아깝다" "며느리에게는 가을의 꼬치고기를 주지 마라"는 속담까지 있을 정도다.

꼬치고기의 맛은 뿌리는 소금에 달려 있다

아카가마스의 뼈안 살은 맛있어 보이지만 수분이 다소 많다. '일본식품표준성분표'에 따르면 아카가마스는 약 73퍼센트가 수분으로, 붉은 살 생선인 정어리(약 64퍼센트), 고등어(약 66퍼센트), 꽁치(약 56퍼센트)보다 많아 맛이 좀 심심하다.

살이 부드러워서 기름에 튀기거나 소금을 살살 뿌려 말리면 수분도 줄고 숙성되면서 감칠맛 성분이 늘어나 더 맛있다. 꼬치고기는 소금구이로 먹으면 10퍼센트 정도 수분이 줄고 살도 단단해져 맛있다.

꼬치고기의 소금구이는 생선 무게의 3~4퍼센트 정도의 소금을 골고루 뿌리거나 3퍼센트 농도의 소금물에 30분간 담가두었다가 굽는다. 소금을 뿌린 후 곧바로 굽지 말고 30분 정도 냉장고에 넣었다가 구우면 훨씬 맛있고, 소금을 뿌리거나 소금물에 담가놓으면 꼬치고기의 나쁜 냄새도 사라진다. 생선에서 물기가 빠져나오므로 생선 밑에 종이를 깔거나 바구니에 생선을 담고 그 아래 접시를 받친 후 소금을 뿌리는 편이 좋다. 소금을 뿌려놓으면 어육 단백질이 응고해 살이 단단해진다. 특히 이 숙성 과정 중에 단백질에서 글루타민산이나 아스파라긴산이 빠져나와 감칠맛 성분이 증가한다. "꼬치고기 소금구이는 밥도둑"이라는 말도 있듯이 소금구이는 꼬치고기를 가장 맛있게 먹는 방법이다.

대개는 지방질 함량이 높은 생선이 소금구이에 적합하지만, 꼬치고기의 지방질 함량은 약 5퍼센트로 가을 생선치고는 매우 적은 편이다. 그런데도 소금구이가 맛있는 이유는 열을 가하면 단백질이 응고하면서 적은 지방질이 살 속으로 스며들기 때문일 것이다. 흔히 맛이 담백하다고 알려져 있지만 먹어보면 기름진 맛도 느껴진다.

말린 꼬치고기는 맛이 깔끔해 인기 있는 고급품이다. 배를 가른 꼬치고기를 3퍼센트 정도의 소금물에 4분가량 담갔다가 건져 말린다. 단백질이 그물 모양 구조를 이루었을 때 구워야 살이 들러붙지 않는다.

'스와리'가 중요하다

꼬치고기 요리에는 소금구이, 튀김 등이 있으며 조림이나 찜도 맛있다. 일반적으로 어육 무게의 2~3퍼센트 농도의 소금에 재워두면 탄력 있는 '연육'이 된다. 어육 단백질이 그물 모양의 구조를 이루면서 탄력이 생기는데, 이렇게 탄력이 생긴 상태를 '스와리坐り'라고 한다. 연육을 판에 붙이거나 포장지로 싸서 가열하여 만든 것이 가마보코蒲鉾(생선 살을 갈아 만든 일본의 대표 요리)다. 어묵의 탄력성을 '아시足'라고 하는데, 꼬치고기를 사용하면 아시가 강한 어묵이 만들어진다. 그래서 꼬치고기는 고급 어묵의 원료로 사용된다.

말린 꼬치고기 중에서도 단시간 말린 반건조 꼬치고기의 인기가 높다. 가볍게 소금을 뿌리면 꼬치고기의 살이 탄력 있는 스와리 상태가 된다. 수분도 크게 감소하지 않아 탄력도 적당하고, 건조 과정에서 숙성되어 아미노산과 이노신산의 양이 증가하기 때문이다.

꼬치고기는 생김새가 날렵하여 재빨리 움직이는 데 효과적이다. 위턱보다 아래턱이 돌출되어 있고, 자기 밑에 있는 먹이는 잘 찾아내지만 위에 있는 물고기는 잘 알아채지 못한다. 속어로 꼬치고기를 '소코센비키底千匹'라고도 한다. 깜짝 놀랄 정도로 엄청난 수가 크게 무리를 지어 서식한다는 뜻으로, 먹이를 발견하면 앞다투어 경쟁하며 먹이를 향해 나아가는 모습은 정말 굉장하다.

가
자
미

왼쪽은 넙치, 오른쪽은 가자미

요리책이나 식품 정보서의 색인에는 보통 '가자미' 항목은 따로 없다. 대개 가자미의 종류에 따른 이름으로 기재되기 때문이다. 일본 근해에 서식하는 가자미는 20여 종이나 된다. 유안측有眼側(넙치, 가자미류처럼 두 눈이 한쪽으로 쏠려 있는 경우, 눈이 있는 쪽 몸을 가리킨다. 무안측의 반대)을 위로 가게 하여 해저의 모래 위에서 서식한다. 유안측은 흑회색에 반점이 있는 것이 많다. '왼쪽은 넙치, 오른쪽은 가자미'라는 원칙대로 가자미의 두 눈은 오른쪽에 몰려 있다. 참가자미, 문치가자미, 범가자미, 노랑가자미 등은 흔히 알려진 종류다. 마설가자미처럼 몸길이 3미터에 무게가 150킬로그램이나 되는 큰 가자미도 있다. 살도 두툼해서 회를 뜨면 천 명이 먹고도 남을 것이다.

보통 회나 조림, 소금구이 등으로 먹는 가자미는 500그램에서 1킬로그램 정도로, 몸길이는 대부분 30~40센티미터가량 된다.

가자미는 종류에 따라 맛있게 먹을 수 있는 요리법이 조금씩 다르다. 종류에 따라 육질이 얇은 것과 두꺼운 것, 수분이 많은 것과 적은 것이 있기 때문에 종류별로 육질의 특성을 살린 요리법과 가공법이 꽤 많다.

갈가자미는 육질이 얇고 물기가 많아서 회나 조림도 맛있지만 반건조한 것이 가장 맛있다. 갈가자미의 제철은 가을부터 겨울이며 반건조한 갈가자미를 살짝 구우면 담백하고 은은한 맛에 감탄이 절로 나온다.

도다리, 참가자미는 크기가 작은 편이어서 반건조해 구워 먹기에는 적합하지 않다. 또한 지방이 적은 종류여서 기름에 튀겨 홍고추로 물들인 무즙을 넣은 폰즈에 찍어 먹어도 맛있다.

회로 먹기에 좋은 것으로는 범가자미, 마설가자미, 참가자미, 홍가자미, 용가자미, 노랑가자미, 돌가자미가 있다. 특히 간사이식 회 요리에는 범가자미가 사용되며 최고급품이다. 아울러 활어보다는 저온에서 천천히 숙성시킨 것이 식감이 훨씬 좋다.

범가자미뿐만 아니라 모든 가자미회를 먹을 때는 지느러미

살도 함께 먹으면 최고다.

가자미회는 간장과 고추냉이에 찍어 먹는 것보다 실파와 홍고추로 물들인 무즙을 넣은 폰즈에 찍어 먹는 편이 맛있고, 가자미 특유의 맛도 느낄 수 있다. 돌가자미는 활어회로 먹는 경우가 많지만 숙성된 것으로 만든 회도 맛있다.

조림, 소금구이에 적합한 것으로는 노랑가자미, 돌가자미, 참가자미, 용가자미, 화살치가자미, 줄가자미 등이 있다.

화살치가자미는 어묵의 재료로 많이 사용된다. 예전에는 가자미류가 센다이의 특산품 사사카마보코笹蒲鉾(조릿대 잎 모양으로 만든 고급 어묵)를 만들 때 빼놓을 수 없는 재료였다.

가자미의 아라이가 맛있는 이유

가자미회의 맛은 쫄깃한 식감에 있다. 회에 적합한 가자미류의 공통점은 단백질인 콜라겐과 엘라스틴을 많이 함유하고 있다는 점이다. 이 둘은 경단백질로, 날로 먹었을 때 쫄깃한 식감을 내는 요인이다. 특히 가열해도 없어지지 않는 엘라스틴이 많으면 식감이 더욱 좋아진다.

앞에서도 말했듯이, 살아 있는 생선의 머리를 날카로운 것으로 찔러 즉사시키는 방법을 '이케지메'라고 한다. 이렇게 해서 만든 회를 '이키즈쿠리活き造り'라고 한다. 한편 다량으로 잡히는 경우, 물에서 잡아 올리자마자 즉시 저온 저장실에 넣어 죽이는데 이를 '노지메野締め'라고 한다.

이키즈쿠리는 사후경직 전의 탄력을 어떻게 살리느냐가 맛을 좌우하지만 이 탄력도 기본적으로는 엘라스틴이 많아야 한다. 가자미 지느러미회의 식감도 엘라스틴과 콜라겐의 양과 관련 있으며 살도 적당히 붙어 있어야 매끄러운 맛을 즐길 수 있다.

얇게 저민 회를 찬물이나 얼음물에 넣어 재빨리 흔들어 씻는 것을 '아라이洗い'라고 한다. 이렇게 하면 쫄깃한 식감이 더욱 살아난다. 근육이 살아 있을 때 그 안에 남아 있던 에너지 발생 물질인 ATP(아데노신 3인산)가 찬물로 방출되면서 근육이 더욱 수축하기 때문이다. 바로 아라이의 식감이 회나 이키즈쿠리보다 좋은 이유다.

'일본식품표준성분표'에 따르면, 가자미류의 살은 수분이 평균약 78퍼센트, 지방질 1.6퍼센트, 단백질 20퍼센트다. 지방질 함량이 적기 때문에 맛은 엑스분의 구성 성분에 따라 결정된다. 근육 100그램 속에 든 질소 성분은 300밀리그램 안팎으로, 넙치의 350밀리그램보다는 약간 적다. 이노신산은 가자미와 넙치 모두 비슷한 양을 함유하고 있다. 엑스분의 성분으로 본 감칠맛은 가자미나 넙치 모두 큰 차이는 없으며, 신선도와 종류에 따른 조리법이 가자미의 맛을 좌우한다.

가자미회를 꼭꼭 씹어 먹으면 입안에 희미한 단맛이 느껴진다. 이 단맛은 엑스분 중의 글리신, 알라닌, 발린, 글루타민산 같은 아미노산에 의한 것이다. 이들 감칠맛 성분은 사후경직 전보다 사후경직 후 숙성된 가자미에 더 많다. 그러므로 배에서 갓 잡아 올린 가자미보다 어시장에서 거래된 후, 동네 생선 가게에 진열된 가자미가 감칠맛이 더 강하다.

일반적으로 생선은 배, 등, 머리 등 부위에 따라 맛의 차이가 있지만 가자미의 경우에는 근육과 지느러미 부분에 차이가 있는 정도다.

반건조한 가자미가 맛있는 이유는 건조 과정 중에 숙성되어 감칠맛 성분이 증가하고, 수분이 날아가 육질이 단단해지기 때문이다.

'시로시타카레'의 맛은······

가자미의 제철은 지느러미 안쪽에 가늘고 긴 붉은색 알집이 생길 무렵이다. 이는 산란을 앞두고 있다는 뜻이며, 살이 적당히 오른 상태다. 알집이 너무 크면 몸속의 영양분이 알집으로 이동하므로 살은 맛이 별로 없다. 그러므로 알집이 너무 크지 않은 가자미가 맛있다.

가자미의 산란기는 대개 2~4월이다. 산란기 전인 가을부터 겨울이 제철로, 이 계절에는 생선 가게에 다양한 종류의 가자미가 진열된다. 이와는 달리 노랑가자미, 술봉가자미의 산란기는 11월부터 이듬해 2월까지로 제철은 가을이다. 찰가자미의 경우는 가을부터 2월이 제철이다. 제철에 잡히는 찰가자미는 살이 적당히 올라 맛있다. 특히 졸이면 식감이 좋다.

제철에 먹는 술봉가자미 조림은 일품이다. 최근 냉동 술봉가자미가 러시아, 미국, 캐나다, 노르웨이, 아이슬란드, 네덜란드로부터 수입 판매되고 있다. 조림이나 소금구이로 먹으면 좋을 듯하다.

문치가자미의 제철은 가을이다. 30센티미터 정도의 참가자미를 이키즈쿠리로 만들면 식감이 탱글탱글하여 맛있고, 아라이로 하면 속이 꽉 차서 맛있다.

참가자미는 문치가자미와는 다르다. 가을부터 겨울이 제철이고 문치가자미와 비슷한 방법으로 먹는다.

맛집을 찾아다니며 음식 맛을 즐기는 사람들이 꼭 먹고 싶어 하는 것이 여름철 범가자미회와 가을부터 겨울에 맛볼 수 있는 노랑가자미회다.

'시로시타카레城下鰈'도 이런 식도락가들이 즐겨 찾는 음식으로, 오이타현 벳푸만의 히지 앞바다에서 잡히는 문치가자미를 시로시타카레라고 한다. 신선한 문치가자미회는 쫄깃한 식감으로 유명하며, 다른 가자미들과 달리 4~8월이 제철이다. 문치가자미의 맛은 히지 앞바다의 해저에서 솟아난 담수 속에 먹이인 플랑크톤이 풍부하기 때문이라고 한다.

'와카사카레若狭鰈'도 유명하다. 동해 쪽에서 교토로 가는 교통이 불편했던 시절 와카사만에서 잡아 올려 반건조한 가자미는 교토 사람들에게는 최고로 맛있는 생선이었다. 와카사카레(표준

명은 갈가자미)라 부르지만, 가자미의 종류는 워낙 다양해서 와카사만에서 잡히는 가자미 전부를 가리키는 듯하다. 갈가자미, 문치가자미, 술봉가자미, 기름가자미 등이 여기에 속한다.

가자미나 넙치처럼 생김새가 납작한 생선으로는 참서대와 흑대기가 있다. 둘 다 참서대과에 속하며 참서대가 더 맛있다.

크기가 큰 것은 프랑스 요리에 사용된다. 이바라키현의 오아라이에서는 12월경에 작은 참서대가 잡힌다. 이를 반건조하면 담백하면서도 깊은 맛이 난다. 아침에 이 참서대 반건조 구이를 먹으면 반주 생각이 날 정도로 술안주로 좋다.

보
리
멸

보리멸에는 흰보리멸(일반적으로 보리멸이라 한다)과 청보리멸이 있
다. 등이 담황색을 띠는 것이 흰보리멸, 푸른빛을 띠는 것이 청보
리멸이다. 둘 다 배 쪽은 흰색이다. 흰보리멸은 청보리멸보다 작지
만 맛은 좋다.

제철인 여름이 되면 해안 낚시터는 줄낚시로 보리멸을 잡으려
는 사람들로 붐빈다. 낚시로 잡아 올린 물고기를 더운 여름에 신
선하게 보존하기는 어려우니 아이스박스를 준비해야 한다.

보리멸은 여름철 요리에 빠지지 않는 생선이다. 더운 날에 먹
는 보리멸의 담백하고 깔끔한 맛은 마음까지 행복하게 한다. 담
백한 맛의 생선이어서 더위에 지쳐 식욕이 없을 때도 많이 먹을
수 있다. 아무리 먹어도 배가 더부룩하지 않은 것도 보리멸의 특
징이리라.

은은한 색에 생김새도 단아한 보리멸은 품격 있는 요리를 만드

는 데 적합한 재료다. 회, 탕, 구이, 튀김 등 다양한 요리를 할 수 있다.

소금물로 씻는 것이 비결

보리멸은 흰 살 생선으로 담백한 맛이 인기가 있다. 지방질 함량이 0.4퍼센트로 매우 적어서 기름에 튀기면 맛이 깔끔하고 식감도 좋다.

몸길이가 25~30센티미터 정도인 신선한 보리멸은 회로 먹어도 맛있다. 이토즈쿠리로 하면 한층 품위 있는 맛을 느낄 수 있다. 뼈를 발라 손질한 보리멸을 소금물에 살짝 씻어 껍질을 벗기면 회의 맛이 더욱 좋아지는데, 살에 탄력이 생기기 때문이다.

배를 갈라 손질한 보리멸을 반건조하면 단백질의 변성으로 인해 살에 탄력이 생긴다. 또한 말리는 동안 숙성되고 수분이 증발하여 감칠맛 성분이 농축되기 때문에 맛이 더욱 좋아진다. 생물을 구울 때보다 살이 잘 들러붙지 않고 맛도 담백해서 식감과 맛모두 일품이다.

보리멸에 있는 단백질의 아미노산에는 글루타민산, 라이신이 많다. 이들 아미노산은 숙성 과정에서 단백질에서 떨어져나와 감칠맛 성분이 된다. 라이신과 글루타민산 모두 담백한 맛으로 보리멸의 맛을 결정하는 성분이다.

반면 구이를 하면 살이 약간 싱겁게 느껴질 수도 있다. 살 속의 수분이 80퍼센트 가까이 되기 때문이다. 하지만 앞에서도 말한 것처럼 소금을 뿌리면 살에 탄력이 생겨 맛있어진다.

도쿄에서는 동갈양태, 문절망둑과 함께 보리멸 튀김이 인기 있다. 보리멸의 비늘을 벗기고 머리와 내장을 제거한 뒤 등을 갈라 뼈를 발라내고 튀긴다. 튀김가루를 입혀 튀기기만 하면 완성되는 냉동 가공품의 대다수는 동남아시아에서 만들어지는데, 살은 단단하지만 짠맛이 강하다. 말린 보리멸 역시 동남아시아에서 가공하여 일본에 수입되고 있다. 맛은 일본산에 비하면 떨어진다. 아마도 보리멸을 손질하는 방법이 좋지 않고 냉동 저장할 수밖에 없기 때문일 것이다.

일본에서 잡힌 보리멸은 튀기면 바삭하고 가볍고 품위 있는 맛이 나지만, 짠 맛이 강한 수입산 보리멸은 튀기면 질겨져서 맛이 없다.

보통 튀김요리를 할 때는 튀기기 전에 재료의 물기를 제거하는 것이 중요하다. 특히 수분이 많은 보리멸은 물기를 제거하지 않으면 실패한다.

보리멸은 기름에 튀기면 살이 잘 오그라든다. 그래서 배를 양쪽으로 가른 보리멸의 껍질 쪽에 튀김옷을 두껍게 입혀 껍질을 아래로 해서 튀김기름 속에 넣는다. 오그라들기 쉬운 껍질이 바로 단단하게 튀겨지므로 튀김 모양도 좋아진다.

보리멸로 탕을 끓이면 다시국물이 보리멸의 담백한 맛에 풍미를 더하기 때문에 더욱 맛있어진다.

7, 8월은 '보리멸' 낚시철

여름철의 보리멸 낚시는 낚시꾼들이 설레면서 기다리는 일일 것이다.

보리멸은 낮에만 잡히는 물고기다. 밤이 되면 모래 속으로 들어가 잠을 자기 때문에 밤에는 잡히지 않는다고 한다. 아침 해가 뜰 무렵에 일어난 보리멸은 새우나 지렁이 같은 저생생물을 먹는다. 보리멸 낚시의 명인은 이 습성을 이용하여 낚싯줄을 바닥에 닿도록 해서 보리멸을 낚는다고 한다.

보리멸은 초봄부터 여름에는 수심 1~1.5미터의 얕은 곳에, 가을부터 겨울에는 40~50미터의 깊은 곳에 살기 때문에 봄부터 여름에는 수심이 얕은 곳에서 낚시하고, 가을부터 겨울에는 깊은 곳에서 낚시한다.

보리멸 낚시는 예로부터 인기가 많았던 듯하다. 『혼초숏칸』에는 7, 8월경이 되면 공무원이나 일반인 할 것 없이 시바우라, 시나가와 등에서 놀잇배를 타고 나가 물놀이를 겸하여 '보리멸' 낚시를 즐겼다고 기록되어 있다.

캐
비
아

세계 3대 진미 중 하나

캐비아는 철갑상어의 알을 소금에 절인 것이다. 생선 알을 소금에 절인 음식으로는 연어 알을 소금에 절인 '이쿠라イクラ', 아직 성숙하지 않은 연어 알을 소금에 절인 '스지코筋子', 명태 알집을 소금에 절인 '다라코タラコ'(명란젓)가 있다. 캐비아는 2~3퍼센트의 소금에 절인 것이어서 통조림이라도 보존 기간이 길지 않다.

구소련과 어업 교섭 과정 중이던 1964년, 도쿄 올림픽에 참가한 구소련 선수단이 일본에 철갑상어를 선물했다. 이를 계기로 어류학과 식품학 연구자로 구성된 민간단체가 철갑상어의 완전양식과 일본산 캐비아 생산을 기대하며, 철갑상어 양식과 캐비아생산에 관한 연구를 계속해왔다. 1989년경부터 연구를 본격 시작해 국제회의에서 연구 결과를 발표하기에 이르렀다.

2013년 현재 일본산 캐비아 생산에 성공하여 상업화가 머지않은 상황이다. 현재 일본 각지에서는 지역 활성화를 위해 철갑상어 양식을 하고 있다.

캐비아나 이쿠라 모두 생선 알을 의미하지만 일본에서는 이 둘을 구분한다. 캐비아는 검고, 연어 알인 이쿠라는 오렌지색이다.

유통되고 있는 캐비아는 대개 벨루가Beluga, 오시에트라Oscietra, 세브루가Sevruga 세 가지다. 각 철갑상어의 종류와 그림이 통조림 뚜껑에 표시되어 있다. 병뚜껑에 붙은 라벨이 파랑색인 벨루가의 알이 가장 맛있고, 이어서 노랑색 라벨인 오시에트라, 빨강색 세브루가 순이다.

가장 낮은 등급인 세브루가라 해도 열빙어(바다빙어과의 바닷물고기)나 쑤기미의 알을 검게 물들여 캐비아를 흉내낸 것보다는 열 배나 비싸다.

캐비아를 맛있게 먹는 법

유감스럽게도 캐비아의 성분 분석 결과는 아직 없다. 아마도 그 성분은 연어 알을 절인 스지코나 명태 알을 절인 명란젓의 중간 정도가 아닐까 추측한다. 스지코만큼 기름지지 않고 명란젓만큼 담백하지도 않기 때문이다. 스지코의 지방질 함량은 약 17퍼센트이고 명란젓의 지방질 함량은 약 5퍼센트다. 따라서 캐비아를 먹었을 때의 느낌을 토대로 추측하면 캐비아의 지방질 함량은 약

10퍼센트일 것이다. 최고급 캐비아는 먹고 난 후에 입속에 기름기가 남지만 일본에서 판매 중인 통조림 캐비아는 염분 농도가 약간 높아서인지 기름기가 많지 않고 짠맛이 먼저 느껴진다. 세계 3대 진미라는 명성에 걸맞은 맛이라고는 생각하기 어렵다.

캐비아는 러시아산이 좋다고 하지만 정작 러시아인들은 쉽게 먹을 수 없는 비싼 식품이다. 러시아의 외화벌이 수단으로 중요한 식품이기 때문에 일반 서민의 입으로는 들어가기 힘든 것이다.

캐비아를 맛있게 먹으려면 철갑상어에서 알집을 떼어내서 알을 하나씩 풀어낸 후에 캐비아의 무게당 1~2퍼센트의 소금을 넣고 저온에서 이틀 정도 숙성시킨다. 소금에 갓 절인 알은 약간 비린내가 나는데 오히려 이것이 더 맛있다는 사람도 있기는 하다.

소금에 절여 이틀가량 숙성시킨 캐비아는 식빵의 절반 정도 크기의 검은 빵 위에 두 큰술을 듬뿍 바르거나 핫케이크 크기로 얇게 부친 크레페에 살짝 싸서 먹는 것이 러시아식이다. 이렇게 먹으면 캐비아의 부드러운 지방질과 아미노산의 감칠맛을 음미할 수 있다. 명란젓 속 단백질의 아미노산 조성을 보면 프롤린, 로이신, 글루타민산이 많으므로, 캐비아 속 아미노산의 감칠맛도 이들과 비슷한 성분이 관여하리라고 생각한다. 알들은 한개 한개가 세포여서 핵산 관련 물질이 많기 때문에 맛에 큰 영향을 미치는 것 같다. 표면이 미끈거리는 이유는 지방질 함량이 많고 지방산의 구성이 식물성 기름과 유사하기 때문이다.

철갑상어는 볼가강이나 아무르강을 거슬러 올라가 연어와 마찬가지로 강에서 산란한다. 산란을 마친 성어는 다시 카스피해나 동해 쪽으로 돌아가기도 하고 볼가강이나 아무르강에 머무르기도 한다.

최근에는 카스피해와 볼가강의 심각한 오염 때문에 산란 장소와 서식지를 잃어 철갑상어가 사라지는 것은 아닌지 걱정된다.

이를 대신하여 하바롭스크 교외를 유유히 흐르는 아무르강에 서식하는 또 다른 철갑상어 칼루가Kaluga의 캐비아에 기대를 걸고 있지만, 벨루가처럼 품질이 좋지는 않다.

볼가강 연안에 볼고그라드라는 도시가 있다. 이곳의 철갑상어 연구소에서 캐비아를 받았다. 철갑상어 순시선에서 캐비아를 잔뜩 먹은 후여서 호텔에서는 더 먹고 싶은 마음이 들지 않았다. 그래서 볼고그라드에서 모스크바로 향하는 열차 내 식당에서 먹기로 했다. 소금에 절인 지 이틀째 되는 캐비아였다. 배 위에서 먹은 캐비아는 비린내가 남아 있었지만 열차에서 먹은 것은 정말 맛있었다. 소금에 절인 지 이틀째 정도가 알맞게 숙성되어 맛있다는 사실을 알게 된 것은 바로 이 때였다. 뚜껑이 없는 병에 담겨 있어 일본으로 가지고 돌아갈 수 없어 식당 칸에서 일하는 직원과 러시아인 손님에게 나누어주었다. 그들은 좀처럼 먹을 수 없는 캐비아를 받고 뛸 듯이 기뻐했다.

최근 백화점의 고급 식품 전문 매장에서 볼 수 있는 캐비아는 프랑스산 양식 철갑상어의 캐비아이며, 벨루가 캐비아는 작은 병조림 하나에 6만 엔이나 한다.

경제 살리기에 나선 일본 각지에서는 캐비아를 비싼 값에 팔 수 있다는 기대를 안고 철갑상어를 사육하고 있다. 최근 들어 철갑상어 요리를 제공하는 식당도 늘어나고 있다. 캐비아를 제조하기는 쉽지 않은데, 신선한 생 알을 소금에 절인 것은 맛이 있지만 통조림은 맛이 조금 떨어진다.

도쿄 올림픽(1964)이 개최되던 무렵에 일본산 캐비아 생산을 꿈꾸던 일본철갑상어연구회(현재는 회원들의 고령화에 따라 해산됨)의 철갑상어 양식 사업은 이바라키현 쓰쿠바시의 '(주)후지킨フジキン'이 계승했다. 이후 이 회사에서는 알을 품은 철갑상어 한 마리를 통째로 레스토랑이나 호텔에 양도하여 레스토랑 측에 캐비아의 제조와 철갑상어 요리를 위탁하는 방식으로 일본 내에 철갑상어를 보급하려는 계획을 실천하고 있다.

고
래

이제는 더욱 귀해진 몸

고래는 포유동물의 특징을 갖고 있으면서도 물속에서 생활한다. 몸길이는 종류에 따라 1미터에서 30미터까지 있다.

고래는 크게 수염고래 종류와 이빨고래 종류로 나뉜다. 현재 일본 내에서 볼 수 있는 고래는 자원 조사를 위해 포획한 수염고래 종류인 밍크고래뿐이다. 남극에서의 상업 포경이 금지되었기 때문이며, 이에 따라 에도 시대부터 먹어왔던 고래 요리의 맥은 거의 끊겼다.

밍크고래는 몸길이 10미터가 안 되는 작은 고래로, 수염고래 중에서는 가장 분포도가 높아 각 해양에서 볼 수 있다. 가슴지느러미 표면에 백색 띠가 있고, 가느다란 우네스畝須(아래턱부터 복부에 걸쳐 세로근육이 있는 부분)가 60개 정도 있다.

고래잡이에 제한이 있기 때문에 잡힌 고래의 거의 모든 부분을 이용한다. 예전에는 붉은 살코기, 꼬리 부분, 우네스(베이컨으로)를 먹는 정도였지만, 지금은 혀, 자궁, 고환, 껍질 아래의 지방조직 등 색다른 음식을 즐기는 사람들이나 먹던 부위까지 요리로 제공하는 곳도 있다. 게다가 뭐든지 날것으로 먹는 걸 좋아하는 일본인이 많기 때문에 회로도 내놓는다. 이 밖에 중식, 일본식 요리에도 고래 고기를 선보이고 있다. 지방조직(꼬리 부분)은 뜨거운 물에서 지방을 제거하여 '사라시쿠지라さらし鯨'(기름기를 뺀 희고 연한 고래 고기)로 만들어 초된장에 찍어 먹는다. 나가사키에서는 고래 내장으로 어묵을 만들고, 결혼식 요리에도 빠지지 않는다. 고래 내장은 회로 먹으면 의외로 맛있다.

비린내를 없앤 고래의 붉은 살코기 튀김을 학교 급식에서 먹어본 사람도 많을 것이다. 우네스는 '고래의 베이컨'으로, 이제는 좀처럼 볼 수 없는 식품이 되어버렸지만, 제2차 세계대전 종전 직후 식량이 부족하던 시절에는 베이컨이라고 하면 고래 베이컨밖에는 없었다. 스노코須の子(고래의 아래턱부터 가슴까지의 부위)는 통조림에 적합하여 갈비 맛 통조림, 조미 통조림에 사용되었다. 지금은 상업 포경이 금지되어 고래 베이컨과 고래 통조림 모두 좀처럼 찾아보기 어려워졌다.

회나 스키야키すき焼き에는 쇠고기의 상강육霜降肉(서리가 내린 것처럼 흰 지방이 고루 퍼져 있는 고기)과 비슷한 꼬리 부위가 이용된다. 지방이 균일하게 들어간 꼬리 부위는 부드럽고 보기에도 예쁘다. 사가 지방의 '마쓰우라즈케松浦漬け'는 고래의 연골을 술지게미

에 절인 것으로, 고래의 위턱 부분을 가로지르는 연골을 사용한다. 말린 연골로 끓인 국은 술안주로 좋다고 한다.

쇠고기와 비교해보면

학교 급식에 귀한 단백질 공급원으로 고래 고기를 사용하던 시절은 포경 제한이나 상업 포경이 국제적으로 큰 문제가 되기 전이었다. 고래 고기는 피 냄새가 심해서 학교 영양사는 악취를 없애는 요리를 만들기 위해 고민해야 했다.

고래는 잡자마자 배 위에서 바로 죽여 피를 빼는데, 이때 피가 덜 빠지거나 그 밖의 처리 방법이 부적절할 때 헤모글로빈 냄새가 남는다. 요즘은 비린내가 나지 않도록 냉동 방법이나 기타 처리법이 개선되고 있다.

고래의 붉은 살코기는 진한 주홍색이다. 이렇듯 주홍색을 띠는 이유는 근육 색소인 미오글로빈 때문인데, 고래는 미오글로빈이 쇠고기보다 많다. 식용으로 이용하는 고래의 붉은 살코기는 지방 조직보다 안쪽에 있다. 또한 껍질 아래에 있는 흰 지방육(지방 조직)도 식용하는데, 가슴에서 배 부분에 이르는 줄무늬 모양의 조직이 있다. 표면에서부터 육질이 없는 부분을 우네畝, 우네 안쪽의 육질 부분을 스노코, 그보다 안쪽을 스須라고 한다. 우네와 스가 함께 붙어 있는 것을 우네스라고 하며, 이 우네스로 고래 베이컨을 만든다.

항문에서 뒤쪽 부위를 '꼬리 고기' 또는 '허리 고기'라고 하는데, 서리가 내린 것처럼 흰 지방이 고르게 퍼져 있어 가장 맛있는 부분이다. 하지만 질겨서 가공용으로 사용된다. 아래턱의 안쪽은 지방층 속에 살코기가 점점이 들어 있어 꼬리 고기와는 지방과 살코기의 비율이 반대이며, 스테이크, 스키야키에 어울린다. 혀에도 살코기가 점점이 들어 있어 스키야키에 적합하다.

지방조직 바깥쪽의 검은색 껍질은 인간의 머리카락과 같은 단백질인 케라틴으로 이루어져 있다. 그래서 삶거나 구워도 먹을 수 없다.

지방조직의 지방질 함량은 높지만 부위에 따라 16~80퍼센트까지 차이가 난다. 지방조직에 존재하는 단백질은 콜라겐이 많아서 가열하면 연해진다. 단백질 함량은 6~16퍼센트까지 차이가 있다.

살코기의 단백질 함량은 약 24퍼센트, 지방질 함량은 0.4퍼센트여서 육질은 매끄럽지 않다. 꼬리 고기의 단백질 함량은 14퍼센트로 살코기보다 적지만, 지방질 함량은 21퍼센트로 살코기에 비해 훨씬 많다. 우네스로 만드는 베이컨은 삶거나 소금에 절이기 때문에, 약 30퍼센트였던 우네의 지방질 함량이 16퍼센트 정도로 감소한다.

고래 각 부위의 지방질을 구성하고 있는 지방산 조성을 보면, 포화지방산은 살코기에 많고, 불포화지방산은 지방조직에 많다. 살코기에 팔미트산이 많은 점은 쇠고기의 지방산 조성과 유사하다. 그러나 고래 고기는 쇠고기보다 불포화지방산이 많아 불고기나 스테이크를 할 때 열을 살짝 가하기만 해도 지방이 녹아 부드럽게 먹을 수 있다.

하지만 살코기의 근육 섬유는 쇠고기나 돼지고기보다 거칠기 때문에 오래 익히면 푸석푸석해서 맛이 나빠진다. 따라서 너무 오랜 시간 가열해서는 안 된다.

고래 고기를 맛있게 먹으려면 해동 방법이 중요하다. 현재의 냉동 고래 고기는 신선한 상태에서 동결되므로, 해동만 잘하면 회로도 먹을 수 있다. 우네나 스노코의 결합 조직에는 콜라겐이 많아서 일단 가열해서 젤라틴 상태로 만든 후에 요리하는 편이 맛있다.

고래 식문화를 지키자는 모임을 만들고, 우리에게 고래 고기를 맛보게 해주는 친구인 사토 다카시 씨('다루이치'의 사장)의 가게에서 밍크고래회를 먹고는 깜짝 놀랐다.

학교 급식에 이용되는, 진한 적갈색의 비릿한 고래 고기와는 달리 이 고래 고기는 참치의 붉은 살 부위보다 연한 적색이고 맛도 좋았다. 몇 번이나 '참치회'로 착각하면서 먹었는지 모른다. 물론 고래의 비린내도 전혀 느껴지지 않았다.

고래의 지방질에 관한 연구를 하던 대학 조교 시절에 실험 재료로 들어온 다양한 부위의 고래 고기를 먹어보았지만, 사토 씨가 내놓은 밍크고래만큼 맛있는 고래 고기는 처음이었다.

에도 시대에 나가사키의 이키쓰키섬에 살던 마스토미마다자에몬이라는 사람이 당시의 고래 요리를 기록하여 정리해놓았는데 『이사나토리에코토바勇魚取繪詞』라는 문헌의 「고래 고기 요리법」

(1832) 부분에 기재되어 있다. 이러한 기록이 있다는 것은 고래가 에도 시대부터 일본인이 즐겨 먹던 고기였다는 사실을 말하는 것 아닐까?

종전 후에는 식량 부족 때문에 고래 고기를 자주 먹었지만 이제는 포경 금지와 함께 추억의 음식이 되어버렸다. 학창 시절에 고래 전문 교수님이 가끔 '해외 출장'을 이유로 종종 휴강을 했는데, 그 이유가 국제포경위원회 회의 참석이었다. 이미 30~40년 전부터 일본의 포경은 전 세계의 눈총을 받고 있었다. 그 회의에 참석해야 했던 교수님도 필시 꽤나 마음고생을 하지 않았을까?

지바현 미나미보소시의 와다 어항에는 근해에서 잡은 고래를 해체하는 곳이 있다. 이 지방의 명물인 '고래 소스'는 식품 공장뿐 아니라 가정에서도 만든다. 고래를 해체하는 날에는 퇴근길의 회사원이나 가정주부 할 것 없이 고래 고기를 사다가 '고래 소스'를 만들기도 하고 회, 튀김, 조림 등의 요리를 하기도 한다. 앞서 언급한 '다루이치'는 부친인 다카시가 타계한 후, 아들인 신타로가 이어받았다. 미나미보소의 고래 전문점에서도 신타로를 응원하고 있는 것을 보니 다카시의 벗 중 한 사람으로서 안심이 된다.

잉어

잉어는 예로부터 식용 생선으로 중요했을 뿐만 아니라 헤이안 시대와 무로마치 시대室町時代(1392~1568)에는 귀한 생선 취급을 받았었는데, 요즘은 일부 지역에서만 먹고 있다.

일본뿐 아니라 여러 나라에서 잉어가 양식되고 있다는 사실은 잉어가 식용 생선으로 쓰이고 있음을 의미한다.

일본에서 잉어 양식은 에도 시대부터 시작되었다. 그중에서도 군마, 나가노, 미야자키 등지에서는 지금도 여전히 잉어 양식이 활발하다. 가스미가우라 주변도 잉어 양식이 성행하고 있으며, 이곳에서 생산된 잉어는 활어차에 실려 일본 내 잉어 요리를 먹는 지역으로 운반된다.

나가노현 사쿠 지방의 잉어 양식, 잉어 요리는 유명하다. 지쿠마가와의 찬 물에서 양식되어 살에 탄력이 있고, 비린내도 나지 않으며 맛도 좋다.

최근에는 잉어를 먹는 사람이 부쩍 줄었다. 따라서 오래된 잉어 요리 전문점도 잉어 요리만으로는 운영을 할 수 없어서 민물고기 전문점이라는 간판을 걸고, 잉어 요리뿐 아니라 장어 요리도 함께 취급하는 곳이 많아졌다.

양념을 진하게 해야

잉어의 제철은 겨울부터 봄이다. 특히 봄보다는 겨울에 잡히는 잉어가 맛있다. 지방질 함량은 6퍼센트로, 약간 기름기가 느껴지는 정도다. 단백질 함량은 바다에서 잡히는 흰 살 생선과 비슷한 17퍼센트 정도다.

시중에는 자연산보다는 양식 잉어가 더 많다. 양식 잉어의 지방질 함량은 10퍼센트로, 자연산 잉어보다 4퍼센트나 많다. 그래서 먹었을 때 기름기가 더 많이 느껴진다.

잉어를 요리할 때는 먼저 해감 작업을 한 뒤 담낭이 터지지 않도록 조심하면서 내장을 제거하는 것이 중요하다. 민물고기의 특징은 진흙 냄새가 난다는 점이다. 특히 양식장의 물이 더러우면 해감하는 데 시간이 오래 걸린다. '쓴 알'이라는 별명처럼, 담낭에서 나오는 담즙은 쏩쏠하다. 이 담즙이 고기에 묻으면 그 음식은 먹을 수 없다.

일본의 대표적인 잉어 요리로는 '잉어 아라이' '잉어 된장국'이 있다. 잉어는 죽으면 신선도가 빠르게 떨어지므로 반드시 활어를 사용해서 요리해야 한다. 또한 잉어 특유의 맛이 있기 때문에 된장으로 맛을 내는 잉어 된장국이나 조림처럼 양념을 진하게 해야 한다.

최근에는 메뉴에서 사라진 듯하지만 예전의 중국 요리에서는 잉어를 통째로 튀겨 탕수 소스를 뿌려 먹는 탕추리위糖醋鯉魚가 유명했다. 독일에는 잉어를 허브와 함께 삶는 찜, 프랑스에는 맥주에 잉어를 삶는 요리가 있다.

잉어는 예로부터 길운을 가져다주는 물고기로 알려져 있었다. 헤이안 시대부터 내려오는 시조류四条流나 오구사류大草流 같은 일본 전통 요리 유파에서는 잉어를 사용했다. 지금도 도쿄 아사쿠사의 호온사報恩寺에서는 신년에 잉어를 사용하여 만든 시조류를 선보인다.

잉어 요리를 멀리하게 된 것은 전쟁이 끝나고 서양의 식생활이 영향을 미치면서 기호와 식재료에 변화가 생겼기 때문이다. 즉 생선보다는 가축 고기에 대한 기호가 강해지고, 민물고기의 냄새를 싫어하게 된 것이다. 또한 잘못 먹으면 잉어 속의 기생충에 감염되어 건강에 해롭다는 사실을 알게 된 것도 이유 중 하나다.

전
어

대표적인 등 푸른 생선

한자로는 '제鯷'와 함께 '동鮗'도 전어를 의미하는데, 전어의 제철이
겨울인 것을 생각하면 잘 들어맞는 한자가 아닐 수 없다.

"진정한 미식가는 등 푸른 생선 초밥부터 먹는다"는 말이 있다.
도쿄식 초밥에서 빠지지 않는 등 푸른 생선인 전어는 식초에 절
여서 사용한다. 자칭 미식가라는 사람들은 "계란 초밥은 마지막
에 먹는다" "붕장어 초밥을 먹어보면 그 초밥집의 실력을 알 수
있다"라는 말을 하지만, 어쨌거나 가장 먼저 주문하는 것은 역시
등 푸른 생선 초밥이라고 한다. 도쿄식 초밥집에서는 전어를 '고
하다コハダ'라고 부르지만 정식 명칭은 '고노시로コノシロ'다.

옛날 무사나 영주에게 '성'은 중요했다. '고노시로'는 '이 성この城'
의 일본어 발음 '고노시로'와 같아서 초밥집에서 "고노시로를 먹

는다"고 하면 터무니없는 소리
처럼 들렸다. 그래서 1년
생 전어를 말하는 '고
하다'를 보편적으로
쓰게 되었다고 한다.

다시 말해, 전어 성어는
'고노시로', 중간보다 덜 자란 전
어는 통틀어 '고하다'로 부른다.

『부쓰루이쇼코物類称呼』(에도 시대에 편찬된 전국 사투리 사전)에는
"이 물고기의 작은 것을 교토에서는 '마우카리', 주고쿠와 규슈에
서는 '쓰나시'라고 하며, 스루가에서는 쓰나시라 부르는 물고기를
'고하다'라고 하는데, 도쿄에서는 이를 삿파サッパ라 부른다"라고
기록되어 있다. 간사이에서는 지금도 전어를 '쓰나시'라고 부른다.

전어는 잔가시가 많아서 먹기 힘들다. 예전에는 일반 소비자에
게 팔지 않고 도쿄만에 버린 적도 있었다고 한다. 그래서 주로 회
로 먹거나 구워서 간장을 발라 먹는다. 특히 식초와 어울려서 초
무침이나 초밥에는 빠지지 않는 생선이 되었다.

초절임의 효과

전어는 청어과에 속해 청어와 마찬가지로 잔가시가 많아 초절임
을 하면 맛있다. 유럽에는 청어 초절임이 있는데 이와 비슷한 일

본 요리는 전어 초절임이다. 양쪽 모두 조리법이 비슷하다는 점도 흥미롭다.

전어의 지방질 함량은 8퍼센트로 청어처럼 많지 않지만 다른 물고기에 비해 적지는 않다. 그리고 살이 연해서 초절임을 하면 식감과 맛이 한층 두드러진다. 청어의 지방질 함량은 전어의 두 배 정도이므로, 초절임을 하면 기름기가 응축되어 맛있지만 먹은 후에 입안에 남는 기름기가 거슬린다. 다만 제철 전어의 초절임은 입안에 기름기가 많이 남지 않는다.

봄에 초밥집에서 전어의 초절임을 보면 봄이 왔음을 느낄 수 있다. 이 시기에 전어의 지방질 함량은 58퍼센트다. 흰 살 생선치고는 드물게 지방질이 많은 편이다. 제철인 봄을 지나 여름이 되면 지방질 함량은 1~2퍼센트까지 줄어들어 전어의 제 맛을 잃는다.

도쿄식 초밥에서 빠지지 않는 전어지만 초밥에 가장 어울리는 것은 전어의 치어(신코シンコ)라고 초밥 장인은 말한다. 기름기가 너무 많지 않고, 소금에 절인 후 다시 식초에 절이므로 산미가 안정되고 비린내가 약해지기 때문이다.

소금에 절인 후에 물로 씻어 소금기를 제거하고 식초에 담그는 작업에 들어간다. 소금을 제거한 후에 곧바로 식초에 담그면 비린내가 남는다. 전어는 정어리나 꽁치와 마찬가지로 등 푸른 생선이어서 비린내가 나기 쉽다. 그래서 소금에 절인 후에 물로 충분히 씻지 않으면 비린내가 가시지 않는다.

이처럼 전어는 식초를 뿌리거나 식초에 절여야 맛있게 먹을 수

있다. 초밥집에서 전어를 식초에 담가놓는 이유는 비린내를 제거하는 동시에, 식초의 살균 작용을 응용하여 보존성을 높이기 위해서다.

식초는 생선에 함유된 아미노산을 아민이라는 부패 물질로 바꾸는 세균이나 효소의 기능을 억제한다. 초절임의 보존성이 좋은 것은 이러한 식초의 효능 덕분이다.

식초에 절이면 생선 살이 뿌옇게 탁해지는 이유는 생선 속의 단백질이 산에 의해 응고하기 때문이며, 장시간 식초에 담가두면 단백질이 너무 굳어 맛이 떨어진다.

전어의 지방질은 등 푸른 생선 중에서는 포화지방산이 많은 편이다. 또한 전어가 같은 등 푸른 생선인 정어리나 꽁치와 맛이 다른 이유는 포화지방산으로는 팔미트산이, 불포화지방산으로는 올레인산이 많기 때문일 수도 있다.

전어를 의미하는 한자 '鰶'의 유래는 다음과 같다. "전어는 이나리稻荷(일본의 신 중 하나)의 시종이고, 여우가 좋아하는 먹이여서 2월 초닷샛날 오동나무 쟁반에 올려 신전에 제물로 바쳤는데, 신에 버금가는 지위라는 의미에서 물고기魚 변에 제사祭가 붙었다."

옛날 도쿄에서 "승려를 환속시켜 전어 초밥이라도 팔게 하고 싶다"는 노래가 불렸을 만큼 전어는 풍류를 안다는 사람들이 즐겨 먹는 생선이었다고 한다. 에도 시대 유곽 거리인 요시와라吉原의 어린 기생이 손님상에 낼 초밥을 훔쳐 먹으면 호되게 혼이 났다고 한다. 여기에서 전어 초밥은 '당시 풍류를 아는 사람들'이 먹는 것이었다. 그래서 오늘날 미식가로 자처하는 이들이 초밥집에서 전어 초밥을 맨 먼저 주문하는 것 아닐까.

에도 시대에 에도에는 에도만(현재의 도쿄만)에서 잡힌 물고기를 사용하여 초밥을 만드는 '하야즈시はやずし'가 등장했다. 이 시대부터 이미 전어는 초밥 재료로 인기가 높았다고 한다. 그 인기는 앞에서 말한 "풍류를 아는 이들이 즐겨 먹는 생선"이라는 풍문의 영향도 있었을 것이다.

초밥은 등 푸른 생선부터 먹어야 한다는 말을 맹신하며 먼저 전어를 주문하는 사람들이 있다. 그런데 전어는 크기가 작은 게 식감이 더 부드럽다. 따라서 다 자란 전어보다는 치어인 '신코'가 나을 테니 초밥 가게에서는 먼저 신코를 주문하는 게 좋다.

연
어

바다에서 성장하며 산란기가 되면 강으로 거슬러 올라가는 물고기다. 일본에서 잡히는 대부분의 연어는 북태평양에 서식하며, 산란을 위해 9월부터 12월 중순에 걸쳐 북위 35도 이북의 강으로 거슬러 올라간다. 자신이 태어난 강으로 돌아간다는 뜻으로 '모천회귀母川回歸'라고 한다. 강으로 거슬러 올라오는 연어를 잡는 경우가 대부분이지만 바다에서 연안을 향하는 연어나 하구 부근에 이른 연어가 가장 맛있다.
일본 근해에서는 홋카이도가
주 어장이며, 세계적으로는
북태평양, 알래스카, 캐나다
연안이 주 어장이다.

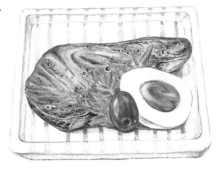

　살은 예쁜 적색을 띤다.
특히 다홍색 연어의 색은

진하다. 연어는 데리야키, 소금구이, 튀김, 탕이나 국, 연어 초밥으로도 먹을 수 있다. 대부분은 냉동, 염장품(자반), 훈제, 통조림으로 시판되고 있다. 알집을 소금에 절인 것은 '스지코' '이쿠라'라고 하며, 내장으로 담은 젓갈은 '메훈'이라고 한다. 머리끝의 연골을 '히즈水頭'라고 하며 초무침에 적합하다.

산란을 위해 연어가 강을 거슬러 올라가기 시작하면 바다 생활을 하면서 근육 속에 축적한 지방질을 비롯한 다양한 영양분은 생식소로 이동한다. 산란, 수정을 할 때까지 강에서 생활하는 동안에는 먹이를 전혀 섭취하지 않기 때문에 살이 오르지 않아 먹기에는 적당하지 않다. 산란 장소에 도착하면 산란상을 만들고 그곳에 산란한다. 이어서 수컷이 방정放精하고 수정한다. 산란, 방정 후 몸의 지방질 함량은 0.1퍼센트에도 미치지 않는다. 가엾게도 바짝 말라버린 것이다. 알을 낳는 역할이 끝나면 치어의 성장을 지켜보지 못한 채 연어의 삶은 끝이 난다.

일본에서는 연어의 인공부화에 성공해서 개체 수를 늘리기 위해 노력하고 있지만 현재까지 큰 성과는 거두지 못했다. 인공 부화한 지 약 50일 후 치어를 강에 방류하는데, 산란기가 되면 강으로 돌아오는 것을 보면 자신의 모천에 관한 유전 정보는 확실히 입력되어 있는 것이다. 강을 떠나 힘겹게 바다로 나간 치어는 3, 4년간 캐나다, 알래스카 해역을 회유하다가 다시 일본의 모천으로 돌아온다. 회귀가 시작되는 때는 초가을 무렵으로, 하구에 가까이 온 연어는 산란 준비를 위해 몸속에 영양분을 충분히 저장하고 있어 매우 맛있다. 연어의 제철을 가을이라고 하는 것은 바로 이 때문이다.

캐나다, 알래스카 연어는 주로 다홍색 연어이며 특히 일본에서 인기가 있다. 일본에서 잡히는 연어와 마찬가지로 인공부화, 방류로 생산하고 있다.

일본 근해에서 많이 잡히는 연어는 보통 가을이 제철로 알려져 있지만 지역에 따라 약간의 시간차가 있다. 계절이나 어장의 특징에 따라 아키아지秋味, 아키자케秋鮭, 메지카자케目近鮭, 도키시라즈時鮭 등으로 불린다. 대개가 모천에 근접한 9월 말 무렵에 잡히며 지방질 함량은 10퍼센트 정도까지 증가한다.

메지카자케, 도키시라즈는 연어의 제철인 가을을 가리키는 '아키'가 붙지 않은 이름이다. 메지카자케는 홋카이도 동쪽 부근에서 잡히는 연어를 말하며, 도키시라즈는 4~7월에 걸쳐 홋카이도나 도호쿠 해역에서 잡힌다. 모두 연어의 제철로 알려진 가을에 잡히지 않기 때문에 '아키'라는 이름이 붙지 않는데, 어쨌거나 연어는 제철인 가을에 맛있다.

훈제 연어에 레몬이 어울리는 이유

제철 연어의 지방질 함량은 약 10퍼센트다. 이 시기에는 연어의 내장도 커져서 가장 무겁다. 산란을 위해 강을 거슬러 올라가는 동안 지방질이나 그 밖의 영양분이 생식소로 이동한다. 특히 생식소의 지방질 함량이 증가한다. 지방질을 구성하는 지방산 중에서도 다가불포화지방산의 양이 현저히 증가한다.

연어는 특유의 냄새가 난다. 그 성분은 확실히 알려져 있지 않지만, 강과 바다 양쪽에서 서식하기 때문에 본래 민물 생선의 냄새 성분을 갖고 있는 것으로 추측된다.

또한 연어는 특유의 비린내가 나는데, 이 비린내를 없애는 간단한 요리 방법은 식초에 절이거나 향채소 등을 넣어 '마리네'를 만드는 것이다. 식초 등을 이용해서 산성으로 만들면 특유의 냄새가 사라지기 때문에 연어의 냄새 성분은 어쩌면 아민계 물질이나 펩티드계 물질일지도 모른다.

훈제 연어는 저장 과정에서 단백질 분해 효소에 의해 감칠맛을 내는 펩티드가 생성된다. 그와 동시에 수서균水棲菌이나 병원성이 없는 일반 세균 등에 의해 휘발성 염기 질소가 생성된다. 이 휘발성 염기 질소는 레몬에 많은 구연산에 의해 중화되어 사라진다. 훈제 연어에 레몬즙을 뿌리면 냄새가 안 나는 것도 이 구연산의 기능 때문이다.

연어는 얼간lightly-salted 연어나 자반 연어 같은 염장품을 이용하는 경우가 많다. 염장에 의해 수분이 용출되면 특유의 냄새(아마도 휘발성 염기 질소 등)가 사라진다.

연어를 선호하는 이유 중 하나로, 근육 속의 색소를 들 수 있다. 참치나 가다랑어의 근육 색소는 미오글로빈으로 피비린내가 나지만, 연어의 색소는 황색부터 적색계의 카로티노이드계로 선명한 분홍색이다. 특히 알래스카나 캐나다에서 수입되는 다홍색 연어는 색이 선명해서 흰색 연어보다 인기가 높다.

연어회를 먹는 방법으로 '루이베ルイベ'라는 것이 있다. 홋카이도의 추운 지역에서는 어획한 연어가 천연 냉동고 등의 냉기에 노출되어 바짝 얼어버린다. 연어의 몸에 기생하는 기생충 '아니사키스'는 영하 20도 이하에서 죽기 때문에 회, 즉 루이베는 안심하고 먹을 수 있다. 또한 아니사키스는 식초나 술에 담가 저장하면 죽는다는 보고도 있다. 히즈나마스氷頭なます(머리 부분의 연골을 초간장에 무친 것)를 안심하고 먹을 수 있는 것은 식초의 효능 덕분이다.

차가운 바다에서 서식하는 물고기는(대구의 경우는 예외지만) 대부분 지방질 함량이 높다. 알래스카, 캐나다의 다홍색 연어가 맛있는 이유는 홋카이도보다 추운 바다에서 서식하기 때문이다. 유명한 유콘강(알래스카 중부를 동에서 서로 흐르는 강) 하구의 해역도 맑고 깊으며 차갑다. 이곳에서 서식하는 연어가 맛있는 이유는 강 하구에 흐르는 담수에 영양분이 풍부하기 때문이다. 물론 다홍색 연어의 지방질 함량은 흰색 연어보다 많다. 최근에는 다홍색 연어나 흰색 연어에서 지방질 함량이 많은 뱃살만 인기리에 시판되고 있다.

연어 알로 만든 '이쿠라 덮밥'의 인기가 나날이 높아지는 것 같다. 9월 무렵까지 홋카이도 동부에서 잡힌 연어의 알집을 꺼내 알집을 싸고 있는 얇은 막을 뜨거운 물을 부어 벗겨내고, 낱알이 된 이쿠라를 '다시', 간장, 술, 미림 등으로 만든 조미액에 담가 알에 조미액이 충분이 배면 먹는다. 흰 밥 위에 이 절인 이쿠라를 올려 먹는 것이 이쿠라 덮밥이다. 본래부터 이쿠라가 풍부했던 홋카이도에서 생겨난 요리로, 다른 지방 사람들에게는 사치스러울 수도 있다. 간장에 담그면 비린내가 사라져 알 속 기름의 식감을 충분히 음미할 수 있다. 지방질 함량이 16퍼센트 정도여서 너무 많이 먹으면 느끼하다. 다만, 9월 이후에 잡힌 연어의 알집은 알의 껍데기가 질겨서 식감이 좋지 않고 막(케라틴)이 입속에 남는다.

이쿠라의 지방질에는 EPA나 DHA의 다가불포화지방산이 많다. 연어의 근육 속 지방질에는 이러한 불포화지방산이 적은데, 성장 과정에서의 지방질 대사와 어떤 관계가 있는 것 같다.

훈제, 양념구이부터 통조림까지

연어는 머리부터 꼬리까지 버릴 곳이 없다고 하지만 지느러미만큼은 쓸 데가 없다. 머리 부분(가마カま), 등뼈(나카오치なかおち)는 탕을 끓이면 좋다. 지방도 많고, 뼈 부분에서 진한 맛이 우러난다. 다만, 염장 연어는 소금기를 제거하고 사용하지 않으면 탕의 다른 재료들이 전부 짜져서 먹을 수가 없다. 입

부분의 연골은 앞에서도 말한 것처럼 나마스로 먹으면 쫄깃쫄깃
해서 술안주로 안성맞춤이다.

자반 연어는 구워 먹지만 생물 연어는 다양한 요리 방법이 있
다. 특히 양념구이는 간장이 냄새를 없애주므로, 생물 연어에 적
합한 요리법이라 할 수 있다.

연어는 예로부터 통조림으로도 애용되어왔다. 통조림 속 살코
기는 간단하게 간장에 찍어 먹어도 되고, 연어 덮밥 등 여러 가지
요리에 응용할 수 있다. 연어 등뼈에 다량 함유된 칼슘에 관심이
높아지면서 연어의 등뼈만 들어 있는 통조림이나 즉석 식품이 개
발되어 건강식품으로서의 인기도 높아지고 있다.

연어 양식은 주로 은색 연어를 대상으로 이루어지고 있는데,
일본 외에 남아메리카에서도 은색 연어를 양식한다. 양식 연어는
다른 생선과 마찬가지로 지방질 함량이 높으며, 은색 연어도 양
식을 하면 자연산보다 지방질 함량이 약간 높아진다. 양식 연어
의 지방질 함량은 13퍼센트 정도지만, 지방산의 구성은 양식이나
자연산이나 차이가 별로 없다. 앞으로도 연어의 계획적인 생산이
진행될 것이다.

미국 서해안의 캐나다에 인접한 작은 도시 벨링햄을 방문했을
때였다. 나를 초대해준 일본인과 초밥 파티를 열기로 하고 초밥이
오기를 기다린 적이 있다. 좀처럼 도착하지 않아 초조해하고 있
는데, 놀랍게도 캐나다 밴쿠버에서 자동차로 실어온다는 것이었
다. 간신히 도착한 초밥을 보고 또 한 번 놀랐던 이유는 붉은 살
생선인 참치 대신 연어를 사용했기 때문이었다. 일본에서는 기생

충 때문에 생물 연어를 먹지 않지만, 다홍색 연어가 많이 잡히는 미국 서해안의 북부에서는 다홍색 연어를 훈제나 찜 요리 외에 초밥 재료로도 사용하고 있었다.

그 지역에서 만드는 다홍색 연어 훈제한 것을 가끔 손에 넣는데 일본에서 접하는 훈제 연어처럼 부드럽지 않고 바삭바삭했다. 아마도 일본인과 미국인의 기호가 다르기 때문이리라.

고
등
어

고등어는 일본 근해에 널리 서식하고 있다. 고등어는 참고등어와 망치고등어 두 종류가 있다. 고등어는 몸 중앙에서 등 쪽으로 '〈' 모양의 검은 줄무늬가 있고, 배 부분에는 얼룩무늬가 전혀 없다. 보통 고등어라고 하면 참고등어를 말한다. 망치고등어는 따뜻한 바다에서 살기 때문에 일본 남쪽에 많으며, '〈' 모양의 무늬는 없다. 대신에 작은 검은 점이 많다.

참고등어는 섭씨 10~20도의 깨끗한 연해에 살고, 망치고등어는 무리를 지어 서식한다. 고등어의 산란기는 도쿄 부근에서는 4, 5월이다. 제철은 가을에 산란을 마친 뒤이며, 맛있는 먹이를 잔뜩 먹어 지방질 함량이 높아져 맛이 좋다. 이것이 '가을 고등어'다.

"며느리에게 가을 고등어를 먹이지 마라"는 말이 있는데, 맛있는 고등어를 며느리에게 주고 싶지 않은 시어머니의 비뚤어진 마음과, 맛있다고 과식하면 복통이나 중독을 일으킬까봐 며느리를 걱정하는 마음 모두를 나타낸다고 한다. 간토산 고등어의 맛이 떨어질쯤 동해에서 잡히는 참고등어가 맛이 좋아지며, 간토산 고등어보다 살이 잘 올라 있다.

망치고등어의 산란기는 7, 8월이며, 봄부터 초여름이 제철이다. 참고등어보다 맛은 떨어진다. 메밀국수 가게의 맛국물에는 망치고등어로 만든 가쓰오부시가 사용된다.

고등어는 잡히자마자 금방 죽어버린다. 죽으면 곧바로 사후경직을 일으켜 몸이 막대기처럼 굳는다. 사후경직이 끝나 숙성이 시작되면 자가소화를 촉진해 두드러기의 원인인 히스타민이 생성된다. 그래서 고등어의 '이키구사레生き腐れ'(겉보기에는 싱싱해 보여도 상해 있음)라고 한다. '세키사바関さば'는 오이타현 분고수도에서 낚시로 잡아 올리는 고등어를 말하며, 그물로 잡는 것과 달리 손상이 적고 이케지메하여 회로 먹을 수 있기 때문에 '이키구사레'의 걱정은 없다. 그러나 사실은 '이케지메'해서 냉장고에 넣어 하루 숙성시키는 편이 맛있다.

고등어 된장조림과 고등어 누름초밥의 비밀

고등어는 '비린내'와 '히스타민 중독' 이미지가 강한 생선이다. 심한 비린내를 잡아주기 위해 고등어를 된장에 졸이는 요리도 있다. 히스타민 중독을 걱정해서 고등어는 쳐다보지도 않는 사람도 많다. 고등어를 된장 양념으로 졸이면 비린내가 안 나는 이유는 물에 녹은 된장이 콜로이드 상태가 되어 고등어에 존재하는 휘발성 비린내 성분을 흡착하거나 감싸면서, 된장 특유의 냄새가 비린내를 억제하기 때문이다. 나아가 된장 속 젖산 등의 유기산이 비린내의 원인 물질인 트리메틸아민을 중화하여 비린내를 없애는 것으로 보인다.

두드러기를 일으키는 성분은 히스타민이다. 고등어는 사후경직 후 숙성하거나 자가소화하는 중에 다른 물고기보다 많은 양의 히스타민이 생성된다. 고등어의 근육에는 카텝신계 단백 분해 효소가 많아 숙성 과정에서 단백질이 빠르게 분해된다. 숙성 시간이 짧고, 금방 부드러워지는 고등어는 숙성 중에 떨어져나간 아미노산 속의 히스티딘이 카텝신에 의해 단시간에 대량 히스타민으로 변해 히스타민 중독을 일으키기 쉽다. 생물 고등어에 얼음을 넣어 저장해도 닷새 정도가 한계로, 이후에는 히스타민 양이 많아진다. 고등어를 섭씨 45도 무균 상태에서 자가소화를 진행시키면 효소의 작용으로 트리메틸아민이 생성되는 속도보다 히스타민이 생성되는 속도가 더 빠르다. 따라서 트리메틸아민이 생성되어 부패한 냄새가 나기 전에 다량의 히스타민이 생성되는 것이다. '고등어의 이키구사레'라는 말을 이해할 수 있을 것이다.

'일본식품표준성분표'에 따르면 생물 고등어의 지방질 함량은 12.1퍼센트다. 이는 평균적인 값이다. 제철이 아닌 봄 고등어라도 13퍼센트, 제철의 가을 고등어는 20퍼센트 이상이다. 지방질 함량 17퍼센트의 생물 고등어를 간장에 졸이면 지방질은 14퍼센트 정도로 줄고, 소금구이를 하면 13퍼센트 정도가 된다. 조림이든 구이든 지방질에는 별다른 차이가 없다.

자반고등어는 염장 과정에서 20퍼센트 정도의 수분이 감소하기 때문에 전체적으로는 지방질 함량이 늘어 약 30퍼센트가 된다. 식초에 절이는 '시메사바しめ鯖'의 경우 수분과 지방질 함량은 생물 고등어와 불과 수 퍼센트밖에 차이가 나지 않지만, 소금이나 식초의 작용으로 기름진 맛이 덜하다. 염장하는 경우에는 소금에 의해, 시메사바의 경우에는 식초에 의해 고등어의 근육 단백질이 응고(변성)하므로, 조림이나 구이와는 다른 식감을 맛볼 수 있다.

또한 염장이나 초절임 중에는 소금과 식초가 단백의 분해를 억제하여 천천히 숙성되기 때문에 감칠맛 성분이 늘어난다. 그리고 비린내 성분인 트리메틸아민은 빠져나가거나 중화되므로, 비린내도 심하게 느껴지지 않는다.

고등어의 봉초밥과 누름초밥은 와카사만이나 그 근해에서 잡은 고등어로 초밥을 만든 게 시초가 되었다. 교토로 운송하기 위해 저장성이 좋은 자반고등어를 만든 데서 발전한 것이다. 봉초밥은 자반고등어의 소금기를 제거한 후에 식초에 절인다. 누름초밥은 생물 고등어를 식초에 절인다. 양쪽의 공통점은 시메사바 위에 흰 다시마를 올린다는 점이다. 다시마를 올리면 다시마의 감칠맛 성분인 글루타민산이 시메사바 쪽으로 옮겨간다. 시메사바에 침투한 글루타민산과 고등어가 잡힌 이후부터 시메사바가 되기까지 생성된 이노신산의 상승 효과로 인해 감칠맛이 강해진다. 봉초밥과 누름초밥의 또 다른 공통점은 식초를 사용한다는 점이다. 식초의 pH는 산성이므로, 앞서 말한 것처럼 숙성 중에 생성되는 비린내 성분인 트리메틸아민이 중화되어 비린내도 사라지는 것이다.

고등어의 비린내는 양파, 월계수, 세이지, 카레 가루 등으로도 없앨 수 있다. 이들 향신료와 트리메틸아민이 화학 결합하여 비린내가 사라지는 것으로 보인다.

옛날에는 귀한 단백질 공급원

교토의 고등어 초밥은 와카사만에서 잡힌 지방질 함량이 높은 자반고등어로 만든다. 자반고등어는 고등어를 오래 보존하기 위해 개발한 것으로 교토 사람들의 중요한 동물성 단백질 보급원이었다.

와카사만에서 잡히는 고등어는 지방질 함량이 높아 소금에 절이거나 말려도 지방질 함량이 변함없이 높아 놀랄 정도다. 와카사의 자반고등어가 예로부터 유명한 이유는 아마도 높은 지방질 함량 덕분일 것이다. 에도 시대에는 각 지방의 관리들이 앞다투어 도쿠가와 장군에게 헌상했는데, 후쿠이와 가가에서 와카사만의 자반고등어를 '지역 명물'로 헌상하면서부터 유명해졌다고 한다. 전쟁 전에는 대나무 바구니에 자반고등어를 30마리씩 담아 파는 '다지마사바但馬鯖' '에치젠사바越前鯖'를 도쿄에서도 찾아볼 수 있었다.

옛날에는 자반고등어가 와카사의 농민들에게 중요한 단백질 보급원이기도 했다. 물에 담가 소금기를 뺀 후에 구워 먹는 것이 맛있게 먹는 비결이었던 듯하다. 소금기가 강한 경우에는 10~20분 정도 물에 담가 소금기를 빼고, 소금기가 적으면 물에 1~2분 정도 씻어 소금을 뿌려 굽는 편이 맛이 좋다.

고등어 초밥은 교토가 유명하지만, 발상지는 기슈쿠마노다. 지금도 와카야마나 미에, 나라에서는 나레즈시なれずし(염장 생선을 밥과 함께 발효시킨 저장 식품. 오늘날 스시의 원조다) 스타일의 '시모즈시下ずし' '가키노하즈시柿の葉ずし' '호오노하즈시朴の葉ずし' 등을 만들어 먹는 게 그 증거다. 그리고 고등어 초밥의 맛집이 기이반도 산간부에 몰려 있는 것을 보면 이곳에서는 보존을 위해 고등어 초밥을 만든 것 같다. 자반고등어의 짠맛이 그 저장성을 증명하는 것이라고 한다. 교토의 고등어 초밥은 저장 식품이라기보다는 오히려 특별한 날을 축하하는 자리에서 만들어 먹었던 듯하다.

연말이 되면 지바현 아와아마쓰에 사는 친구가 된장과 술지게미에 절인 고등어를 보내오고는 한다. 가을 고등어를 손질해서 친구 어머니가 직접 만든 된장과 술지게미의 혼합물에 절인 것이다.

고등어 된장조림은 흔히 해 먹지만 고등어를 된장과 술지게미 혼합물에 절이면 된장의 풍미 외에 술지게미의 작용으로 비린내가 사라져 정말로 절묘한 맛을 낸다.

친구 어머니도 연세가 많아 최근에는 만들지 않는 것 같은데, 이 비법이 친구의 부인에게 전해지지 않은 게 유감스러울 따름이다.

학
꽁
치

날렵한 외양에 뾰족한 아래턱이 특징이다. 아래턱의 끝은 다홍색이다. 이 부분으로 신선도를 확인한다. 붉고 선명할수록 신선하다. 큰 것은 40센티미터 정도지만, 먹기에는 25센티미터 정도가 적당하다.

일본산 학꽁치의 제철은 보통 3~5월이며, 12월부터 이듬해 1월까지 한반도 북쪽 동해에서 잡히는 것도 맛있다. 일본에서는 이를 '조선 학꽁치'라고 부르는데 일본산보다 크지만 맛은 별 차이 없다.

뼈와 내장은 거무스름하지만 살은 하얗고 맛도 담백하다. 검은색 복강막을 깨끗이 제거하는 것이 손질의 핵심이다.

회(이토즈쿠리), 초밥, 튀김, 초무침 등에 이용한다. 초밥에는 살짝 초절임한 것을 사용하면 좋다. 꼬치고기나 보리멸처럼 소금구이도 맛있다.

학꽁치 요리에는 색감, 날렵한 형태, 투명한 살을 활용한 것이 많다. 흰 살과 거무스름한 부분의 살을 이용하여 모양을 내기도 한다. 회 요리 등에 사용할 때는 바닷물과 비슷한 농도의 소금물에 담가 몸통을 잡고 비늘을 벗기는데, 이때 은백색 껍질이 벗겨지지 않도록 조심한다. 섬세한 작업이 필요한 요리다.

학꽁치 중에서 크기가 큰 것을 도쿄에서는 '간누키'라고 한다. 낡은 목조 가옥의 덧문에 사용하는 빗장(간누키)과 굵기가 같고, 길어서 힘이 센 것처럼 보이기 때문이라고 한다. 간누키의 조건은 무게 120그램 이상으로, 크고 기름지며 탄력이 좋아야 한다. 이 조건에 맞는 학꽁치가 바로 제철인 3~5월에 잡힌다.

냉장 온도가 중요하다

'일본식품표준성분표'에 따르면 학꽁치의 지방질 함량은 1퍼센트로 매우 적다. 그럼에도 불구하고 학꽁치의 소금구이가 맛있는 이유는 소금이 아미노산 등의 감칠맛 성분을 끌어내기 때문이다.

학꽁치회나 초밥을 만들 때, 미리 바닷물과 비슷한 농도의 소금물에 담가 살에 탄력을 주거나 손질해서 가볍게 소금을 뿌려 수 시간 냉장고에 넣어둔다. 이렇게 하면 감칠맛이 더해지는 대신 수분이 줄어 기름기가 많은 듯한 느낌을 주기도 한다. 감칠맛이 강해지는 이유는 냉장고에 보존하는 동안 숙성이 알맞게 진행되기 때문이다. 소금 간이 되어 있고, 냉장고 온도가 낮아 숙성은

완만하게 진행된다. 학꽁치의 감칠맛 성분인 아미노산류는 소금
에 의해 맛이 더욱 강해진다. 이러한 준비 작업을 마친 학꽁치의
살은 감칠맛과 기름기가 적절한 조화를 이루어 회든 초밥이든 먹
고 난 후에 입안에 기분 좋은 여운을 남긴다.

학꽁치는 냉장고에서 부분 동결(섭씨 1도에서 영하 3도 사이에서
살짝 얼기 직전 상태로 보존) 상태로 보관할 수 있다. 가게에서 구입
한 생선이라면 하루나 이틀은 저장 가능하다. 일반 냉장고의 냉
장실은 5~10℃이므로, 효소가 완만하게 작용하여 숙성이 천천
히 진행되어 맛있어진다.

학꽁치의 살에 소금을 뿌려 다시마 절임을 하면 다시마의 글
루타민산이 학꽁치의 살에 스며 깊은 맛을 낸다. 여기에 유자를
강판에 갈아 뿌리면 유자의 상큼한 향이 더해져 봄 생선의 맛을
한층 즐길 수 있다.

야마구치현이나 오이타현 등 세토 내해에 인접한 지역의 토산
품으로 학꽁치 건어물(그늘에서 말린 것)이 있다. 수분이 하나도
남지 않을 정도로 완전히 바짝 말린 것이다. 그런데 이 건어물을
오래 씹다 보면 의외로 기름기가 많은 것을 알 수 있다. 아마도
수분이 줄어든 만큼 지방의 양이 많아졌기 때문일 것이다. 그와
동시에 감칠맛도 강하게 느껴진다. 학꽁치는 주로 게나 새우 등의
유생을 잡아먹고 사는데, 이 먹이의 감칠맛 성분이 학꽁치의 담
백한 맛을 만들어내는지도 모른다. 보통은 이것을 살짝 구워 안
주나 오차즈케로 먹는다.

어쨌거나 학꽁치의 담백한 맛을 살리기 위해 별다른 양념을

하지 않고 감칠맛을 부각시켜 요리하는 것이 가장 좋다. 이와 비슷한 것이 이세의 꽁치 건어물, 규슈의 날치 건어물인데, 이것들도 살짝 구우면 맛이 더욱 좋아진다.

'학꽁치 같은 여성'이란

학꽁치를 나타내는 한자 '細魚' 또는 '鱵'에서도 알 수 있듯이 학꽁치는 몸이 가늘고 날렵하다. 입이 바늘처럼 뾰족해서 '針魚'라고도 쓴다.

학꽁치의 산란기는 5~6월이다. 그래서 산란기 전인 3~4월, 산란이 조금 늦으면 5월까지 제철 학꽁치를 맛볼 수도 있다. 산란기가 가까워지면 학꽁치는 알을 낳기 위해 담수가 약간 섞인 하구나 염호塩湖 근처로 이동한다. 산란 장소는 해초가 많은 연안 지역이다.

학꽁치는 몸이 가늘고 길며 은색을 띠어 여러 가지에 빗대어 표현하는 경우가 많다. "곱게 화장한 마른 일본 아가씨" 느낌이 난다고 하는 사람도 있다. 우아해 보여서인지 "아무리 맛있더라도 수염이 덥수룩한 어

른 남자가 정신없이 먹는 모습은 볼썽사납다"(『햐쿠교보百魚譜』)라
는 재미있는 표현도 있다.

학꽁치는 물고기계의 미인으로 알려져 있지만 '학꽁치와 보리
멸'이라는 속담은 미인과는 반대의 의미를 담고 있는 듯하다. 왜
냐하면 학꽁치와 보리멸은 배를 갈라보면 복강막이 검어서 날렵
하고 기품 있는 모양새에서는 상상이 안 되는 부분이다. 그래서
'속이 검은 물고기'로 생각하기도 하는데, 이와 관련하여 속이 검
고 음흉한 여성을 '학꽁치 같은 여성'이라고도 한다. 그런데 '학꽁
치 같은 여성'으로 불리려면 일단 용모가 수려하고, 피부가 고우
며, 몸이 날씬해야 한다. 여담이지만 몸이 뚱뚱하고 음흉한 중년
여성은 '학꽁치 같은 여성'이라 할 수 없다.

학꽁치의 뱃속이 검다는 것을 아는 사람은 요리사뿐이다. 학
꽁치의 검은 복강막을 제거하지 않으면 맛있는 학꽁치 요리를 만
들 수 없기 때문이다. 초밥집의 바 테이블에 자리 잡고 앉아 제법
맛을 아네 하는 손님도 학꽁치나 보리멸의 뱃속을 알 리가 없다.

한편 학꽁치는 음흉하기는커녕 정직한 사람으로 비유되기도
한다. 학꽁치는 앞을 향해 똑바로 헤엄치기 때문이다. 그래서 작
은 수조 안에 넣으면 앞으로 길게 뻗어 있는 아래턱이 흉하게 휘
어져 보이기도 한다.

일식 요리사는 섬세한 마음과 기술을 구사하여 아름답고 맛있
는 요리를 만들어낼 수 있어야 한다. 은색의 투명한 살을 활용하
여 아름다우면서도 담백하고, 깊은 맛을 내는 요리의 재료로 학
꽁치는 최고의 생선이 아닐까.

삼
치

삼치는 일본어로 사와라さわら다.

혼사와라本鰆, 히라사와라平鰆, 오키사와라沖鰆(우시사와라牛鰆) 등 여러 가지가 있지만 보통 삼치라고 하면 혼사와라를 가리킨다. 혼사와라는 가늘고 길며 납작하면서도 둥그스름하다. 60센티미터 정도가 식용으로 이용되는데 1.5미터나 되는 것이 잡히기도 한다. 혼사와라의 머리 부분은 매우 짧다. 등 쪽에는 검푸른 얼룩무늬가 있다. 봄에 많이 잡히지만, 제철은 겨울로 제철에 잡히는 삼치를 간자와라寒鰆라고 부른다. 흰 살 생선으로 편하게 먹을 수 있는 맛이다. 특히 꼬리 부근의 살이 맛있다. 수분이 많고 육질이 부드러워 거칠게 다루면 살이 부서진다.

히라사와라는 폭이 넓고 납작하다. 맛은 혼사와라보다 약간 떨어진다.

오키사와라는 대만이나 남중국해에서 잡히며, 몸길이는 2미터에 이른다. 맛이 없어 별로 관심을 끌지 못한다.

혼사와라는 크기에 따라 부르는 이름이 다르다. 간토에서는 40~50센티미터의 혼사와라를 '사고시' 또는 '사고치'라 하고, 50~60센티미터는 '나기', 1미터 이상을 사와라라고 한다. 사고시라는 명칭은 치어 때부터 이미 몸 뒤쪽이 가늘기 때문에 붙은 이름이다. 간사이에서는 50센티미터 정도를 사고시, 70센티미터 정도까지를 '야나기', 70센티미터 이상을 '삼치(사와라)'라고 부른다.

'鰆(춘)'이라는 한자를 사용하므로 봄이 제철인 생선으로 생각되지만, 세토 내해에서는 5~6월 무렵이 삼치의 산란기이므로, 봄을 알리는 물고기라고 하여 '鰆'을 쓴다고 한다. 간사이에서는 5월에 감성돔잡이가 끝나면 삼치잡이가 시작되므로, 그 기간이 제철이 아니라 출어 기간이다.

간토에서의 제철은 본래 1~2월의 추운 계절로, 앞서 말한 것처럼 이 계절에 나는 삼치를 '간자와라'라고 한다. 살이 적당이 오르고 지방이 많아 인기가 있다. "삼치회가 맛있어 접시까지 핥았다"는 말이 있을 정도로 맛이 일품이다.

4월이 되면 생식소가 발달하여 몸의 영양분이 생식소로 모이기 때문에 맛이 떨어진다. 산란이 끝나고 체력을 회복한 가을 삼치는 간자와라만큼 지방이 많지는 않지만 감칠맛이 난다.

꽁치보다 많은 DHA

삼치는 수분이 68.6퍼센트로, 고등어의 65.7퍼센트보다 약간 많다. 그래서 고등어보다 살이 연하다. 삼치를 그물로 잡아 올리면 그물 속에서 꿈틀거리거나 서로 부딪쳐서 상처가 난다. 그물로 잡아 올린 삼치를 배 위에서 한 마리씩 이케지메하기는 불가능하므로, 어시장에 입하되는 삼치는 자연사한 것이다. 어시장에 출하될 무렵에는 사후경직도 끝나 숙성기에 들어선 것이 많다. 숙성기에 들어선 삼치가 생선가게의 매장에 진열될 쯤에는 감칠맛 성분도 증가하여 맛있다. 삼치 요리에는 막 잡은 것을 사용하는 게 좋겠지만, 일반인은 어시장에서 사기 어렵기 때문에 매장에 진열된 되도록 신선한 삼치를 이용할 수밖에 없다.

　신선한 삼치회는 맛있지만 기생충 '아니사키스' 때문에 회 전문가들은 날로 먹지 않는다. 겨울이 제철이고 지방질 함량은 14~16퍼센트 정도로, 남방 참다랑어의 지방 살처럼 쫀득한 식감을 맛볼 수 있다. 삼치회는 아주 신선한 것을 껍질이 붙은 채로 만드는 것이 원칙이다. 그 이유는 삼치의 껍질과 살 사이의 독특한 향미를 살리기 위해서다. 또한 살이 약해서 껍질째 회를 뜨지 않으면 모양을 잡기 어렵기 때문이다. 껍질이 붙어 있어야 씹는 맛도 좋다. 삼치회는 배 위의 어부나 어촌 근처에 사는 사람이 아니면 먹기 힘들다고 한다. 그만큼 신선도가 중요하다는 뜻이다. 삼치회는 세토 내해에 인접한 어촌에서는 '생선회의 왕'으로 불릴 만큼 맛있다.

고등엇과 생선이지만 고등어처럼 살이 붉지 않고 맑은 흰색이다. 입에 넣으면 탄력이 있는 껍질과 살 사이의 풍미가 좋다. 이것이 삼치가 인기 있는 비결이라 할 수 있다. 삼치의 담백하고 깊은 맛은 정어리나 꽁치를 먹이로 먹기 때문인 것으로 보인다.

삼치의 지방질을 구성하는 지방산 성분을 보면 먹이인 정어리나 꽁치가 큰 영향을 미친다는 것을 알 수 있다. 삼치의 지방질 함량은 2월 초순에는 14퍼센트나 되며, EPA나 DHA가 다른 지방산에 비해 월등하게 많다. 특히 DHA는 정어리나 꽁치보다 많다.

삼치의 맛은 근육 속의 엑스분으로도 알 수 있다. 엑스분 속 질소 함량은 근육 100그램당 450밀리그램이나 된다. 도미나 방어 등에 필적할 정도로 많은 양이다. 아미노산류 중에서는 히스티딘이 고등어와 비슷할 정도로 많다. 타우린은 도미보다 많고, 이노신산, 카르노신, 카르니틴 등 깊은 맛을 내는 물질도 많다. 삼치의 진한 맛은 이런 성분들 덕분일 것이다.

간토 사람은 살이 적당히 오른 간자와라를 좋아하고, 간사이 사람은 세토 내해에서 삼치잡이가 한창인 봄에 잡히는 삼치를 좋아한다. 신선한 삼치는 회로 먹으며, 보통은 데리야키, 소금구이, 된장양념구이 등 구이에 어울린다. 삼치 된장양념구이는 간사이의 명물이지만 지금은 간토 사람도 즐겨 먹는다. 간토 사람은 소금구이와 된장양념구이밖에 모른다고 해서 '삼치 음치'라는 놀림을 받기도 한다.

삼치회에는 고추냉이장이 어울린다. 간사이에서 데리야키나 된장양념구이가 발달한 이유는 봄 삼치가 잡히는 계절에는 좋은 고추냉이가 없기 때문이라고 한다. 데리야키나 된장양념구이는 살이 잘 발라져 먹기 편하다.

삼치를 조금 두툼하게 토막 내 소금을 살짝 뿌리고, 서너 시간 두었다가 소금이 잘 배면 소스(간장, 미림, 설탕으로 만든다)에 담가 하룻밤 재워 맛이 골고루 배게 한다. 이것을 구우면 식어도 살이 딱딱하게 굳지 않고 감칠맛이 그대로 남는다고 한다. 가능하면 간장을 여러 번 바르면서 굽는 편이 좋다.

된장양념구이에는 교토의 흰 된장만한 것이 없다

삼치의 맛에 대해서는 본초학자 가이바라 에키켄의 『야마토혼조 大和本草』에 "맛있지만 환자에게는 먹이지 마라"고 기록되어 있다. 맛있는 생선이지만, 흰 살 생선이어서 담백하긴 해도 기름기가 많아 위장이 약한 사람에게는 좋지 않으니 과식하지 말라는 말인 것 같다. 아무튼 맛있는 생선이라는 점은 옛날부터 인정되었던 모양이다. 가이바라 에키켄은 『요조쿤養生訓』에서도 "배가 어느 정도 부르면 다음에는 담백한 것을 먹으라"고 권하며, 삼치의 담백한 맛이 "건강과 장수에 좋다"고 했다.

삼치 요리는 소금구이, 된장양념구이, 술지게미 절임, 찜, 누름초밥 등이 있으며, 특히 간사이 사람이 좋아한다. 된장양념구이는 교토의 흰 된장을 사용하는 것이 가장 좋다. 된장의 향이 강하지 않아서 삼치 본연의 맛과 향을 살릴 수 있기 때문이다.

삼치의 알집을 소금에 절여 말린 것은 '가라스미からすみ'라고 부른다. 숭어의 알집으로 만든 것도 '가라스미'라고 한다.

삼치를 일본말로 '사와라'라고 부르는데 '사와라'의 '사'는 좁은 길을, '와라'는 배를 의미한다. 배가 좁고 날렵한 몸이어서 붙은 이름인 듯하다. 가이바라 에키켄은 『야마토혼조』에서 "사와라는 큰 생선이지만 배가 좁다. 그래서 배가 좁다는 뜻의 사와라라고 부른다"고 했다.

삼치의 새로운 종류로 긴사와라銀さわら, 시로사와라しろさわら가 있다. 호주 앞바다 및 뉴질랜드에 분포한다. 지방질이 0.8퍼센트밖에 없어 맛은 담백하다. 구이나 술지게미 절임에 이용한다. 슈퍼마켓에서 저렴하게 판매하는 삼치의 술지게미 절임이나 된장절임에는 거의 긴사와라나 시로사와라를 사용한다. 그래도 맛있으니 무리하게 비싼 삼치를 살 필요는 없다.

꽁
치

꽁치는 가늘고 길며, 납작하고, 등은 청록색이지만 배는 하얀 빛을 띠며 칼날처럼 날렵한 모양이다. 가을에 맛있는 생선이어서인지 '추도어秋刀魚'라는 한자로 표기한다. 비늘은 엉성하고 얇아 벗기기 쉽다. 하지만 잡혔을 때 그물 속에서 서로 부딪히기 때문에 유통 시에는 비늘이 거의 없다.

소금구이, 조림, 된장절임 등으로 먹는 것이 일반적이지만, 아주 신선한 꽁치는 회로 먹거나 초절임한다. 가공품으로는 손질해서 미림에 절여 말린 것, 통째로 바짝 말린 것이 있다.

제철인 가을에 조시 앞바다에 살이 오른 꽁치가 도착한다. 산란을 위해 일정 수온을 쫓아 이동하는 꽁치의 먹이는 지방질 함량이 높은 동물성 플랑크톤이다. 여름에 홋카이도 앞바다에서 이 동물성 플랑크톤을 섭취하기 시작하여 가을에 조시 앞바다에 도착할 즈음에는 살이 충분히 올라 가을의 미각을 만족시켜준다.

꽁치는 소금구이로 먹는 것이 가장 맛있다고 한다. 그런데 8월 후반부터 9월 초경까지 잡히는, 제철보다 약간 이른 시기의 꽁치는 지방질 함량은 그리 높지 않지만 회로 먹으면 굉장히 맛있다. 10월에 들어서 살이 너무 오르면 회로 먹었을 때 입안에 기름기가 남아 느끼해서 별로다. 따라서 초절임으로 먹는 편이 기름기를 잡아주어 맛있다.

여름에 꽁치를 맛있게 먹으려면

살이 아직 충분히 오르지 않은 8월 후반의 꽁치는 소금구이하면 살이 퍽퍽해서 맛이 없다는 단점이 있다. 이런 꽁치는 간장과 미림을 기본으로 양념해서 졸이면 맛있다. 그러면 수분이 줄지 않아 부드러운 꽁치 살을 맛볼 수 있다. 머리와 내장을 제거하고 뜨거운 물에 살짝 데쳐 비린내를 없애고 복강 안을 씻은 후에 졸이는 것이 비결이다. 채 썬 생강이나 매실 장아찌를 넣어 익히면 비린내가 사라지고 생강 향이 감돌아 맛있게 먹을 수 있다. 또한 조림 국물 속 간장의 아미노산과 감미 성분이 반응하는 아미노카르보닐 반응(메일라드 반응)은 고소한 향을 생성한다.

요즘에는 어선들이 냉동냉장 설비를 갖춘 덕분에 냉동 꽁치가 널리 보급되어서 매장에 진열된 꽁치가 '생물'인지 '냉동 꽁치'인지 구별하기 어려울 정도로 품질이 좋다.

꽁치가 배 안에서 얼음 저장되어 항구로 운반되면 각지의 어시장까지 트럭으로 운송된다. 어시장에서 샀거나 산지에서 직송되어 생선 가게 매장에 진열되는 시간은 오전 10시나 11시쯤이다. 맛있는 꽁치를 사고 싶다면, 오전에 장사가 잘되는 생선 가게를 가는 것이 좋다. 항구 근처에 살고 있다면 그 부근의 생선 가게에서 스티로폼 박스를 얻어다가 구입한 꽁치를 얼음 저장하여 싣고 오면 집에서 맛있는 꽁치를 즐길 수 있다.

매년 8월 하순이나 9월 초순에 오야시오 해류가 거세지면 꽁치는 북쪽의 지시마 앞바다로부터 홋카이도, 산리쿠의 각 연안과 앞바다로 남하하기 때문에 하치노헤 어항이 활기를 띤다. 11월경에 후쿠시마현의 이와키나 지바현의 조시 앞바다까지 이르면, 이 지역의 어항은 온통 꽁치로 가득하다.

이 시기 꽁치의 지방질 함량은 20퍼센트 이상으로, 이른바 '살이 잘 오른 꽁치'가 된다. 이 꽁치를 센불에 멀찌감치 떨어져 구우면 고소한 향이 코를 자극한다. 껍질을 구성하는 성분인 단백질과 아미노산이 분해되면서 이런 향을 풍기는데, 주로 유황을 포함한 아미노산이 분해되어 생긴다고 한다.

꽁치의 계절이 되면 숯불에 먹음직스럽게 탄 꽁치를 먹곤 했던 시절을 그리워하는 사람도 많을 것이다. 주거 환경이 달라진 요즘에는 연기가 나지 않도록 그릴에 조심스럽게 구워 먹어야 한다. 하지만 숯불에 탄 자국이 없는 꽁치구이는 뭔가 빠진 것만 같고 맛도 예전만 못하다.

물론 육류를 태우면 발암 물질이 발생하므로 생선구이, 갈비구이도 타지 않은 부위를 먹는 편이 좋다. 병원 급식에서는 구울 때 탄 생선 껍질을 벗겨내고 환자에게 제공한다. 암과는 상관없는 병으로 입원했더라도 환자들은 암에 대해 건강한 사람보다 민감하기 때문이었다.

발암 물질은 생선 껍질의 단백질을 구성하는 아미노산 중 하나인 트립토판이 변하여 생성된다. 꽁치 구이를 먹을 때는 강판에 무를 갈아 무즙과 함께 먹으면 발암 성분이 해독되어 건강에 도움이 된다고 한다.

홋카이도 근해에서 지방이 많은 플랑크톤을 충분히 먹어 살이 오른 꽁치는 구시로나 그 주변 어항에서 어획되자마자 이 지방 향토 요리인 '꽁치 쌀겨절임'으로 저장되어 설 음식을 요리할 때 사용된다.

그러면 "꽁치는 구워 먹어야 제 맛"이라는 이유를 좀 더 알아보자.

꽁치구이의 과학

꽁치의 껍질 부분에는 콜라겐이라는 단백질이 있다. 이것은 가열하면 젤라틴으로 변하는데, 일부는 분해되어 아미노산이 따로 떨어져나온다. 계속 가열하면 그 속의 유황을 포함한 아미노산, 즉 메티오닌, 시스틴으로부터 휘발성 유황 화합물과 복잡한 화학 구조의 피라진계 물질이 생성된다. 생선 굽는 냄새는 이 성분 때문이며 쓴맛을 낸다.

또한 꽁치의 지방질이 숯불이나 가스불 위로 떨어지면 지방질을 구성하는 지방산이나 글리세린이 열에 의해 분해되는데 이때 생성된 성분도 특유의 생선 굽는 냄새를 풍긴다. 지방질 함량이 20퍼센트 이상이나 되는 제철 꽁치의 경우, 지방질의 열 분해에 의한 냄새는 식욕을 돋우는 데 중요한 역할을 한다. 그런데 그릴에 구우면 위에서 열을 받아 지방질이 불 위로 떨어지지 않으므로, 꽁치 굽는 냄새가 별로 나지 않는다.

꽁치구이의 냄새를 특징짓는 지방질에는 EPA나 DHA가 많다. 꽁치 살 100그램당 DHA 1400밀리그램, EPA(IPA) 800밀리그램이 들어 있다. 이 양은 고등어나 정어리만큼 많지는 않지만 인체 내에서 EPA나 DHA의 생리적 활성을 기대할 수 있다. 예전에 혈중 콜레스테롤 수치 400밀리그램/데시리터인 남성에게 끼니마다 꽁치 한 마리씩 먹게 하자 콜레스테롤 수치 변화가 관찰된 적이 있었다. 20일 동안 끼니마다 꽁치 한 마리를 섭취하면 혈중 콜레스테롤 수치는 정상치인 200밀리그램/데시리터 가깝게 내려가고, 혈중 DHA나 EPA가 증가하는 것이 확인되었다. 이렇게 EPA, DHA의 효능이 직접 실험으로 확인되자 이후 연구가 더욱 활발해졌다.

생선 지방질 속의 DHA는 뇌신경 세포의 정보 전달에 필요한 아세틸콜린을 생성한다. "생선을 먹으면 머리가 좋아진다"는 말은 이와 관련이 있는 것으로 보인다.

꽁치는 구우면 살이 단단해진다. 근육 속 단백질에서 열 응고가 일어나기 때문이다. 단백질 분자의 배열은 생물 꽁치와 가열한 꽁치가 다르다. 열을 가하면 둥근 형태인 단백질 분자의 표면에 결합하고 있는 물 분자(이 결합 상태를 '수화'라 한다)가 떨어진다. 이 물 분자는 다시 단백질 분자 내부로 들어가 단백질의 일부 결합을 파괴한다. 한편 단백질 내부에 있던 분자가 둥근 형태인 단백질 분자의 표면으로 나와 물에 잘 녹지 않는 단백질 분자로 변한다. 아울러 구우면 수분이 줄어드는 점도 열을 가했을 때 꽁치살이 단단해지는 요인이라 할 수 있다.

최근에는 쉽게 찾아보기 어려워졌지만 꽁치 미림 건어물이 있는데, 이것은 밥 반찬보다는 안줏거리로 적당하다. 간장, 미림, 설탕 등의 혼합액을 손질한 꽁치에 바르며 말린 것이다. 미림과 설탕을 사용하기 때문에 단맛이 나며, 말린 꽁치는 다갈색을 띤다. 이 위에 흰 깨소금을 솔솔 뿌려 먹는다.

미림 건어물을 만들 때 핵심은 조미액의 성분이다. 말리는 동안 꽁치의 단백질과 아미노산 사이에 '메일라드 반응Maillard reaction'이 일어나 다갈색으로 변한다. 다갈색으로 변한 이 물질은 화학 구조식이 복잡하며, 지방질의 산화를 막는 기능이 있다. 지방질 함량이 높은 꽁치 건어물의 지방질이 산화하지 않는 것은 이 다갈색으로 변한 물질의 작용 덕분이다.

"꽁치의 맛은 쓴가, 짠가." 꽁치의 쓴맛은 간의 성분 때문이다. 사실 신선한 꽁치의 간은 돼지 간이나 오징어 간과 마찬가지로 걸쭉한 단맛이 난다. 쓰게 느껴지는 것은 신선도가 떨어져 쓴맛이 강한 아민이 생성되었기 때문이다.

최근에 꽁치의 간이 맛없는 이유는 무엇인가. 옛날에는 꽁치도 낚시로 잡았지만, 지금은 봉수망(불빛을 좋아하는 어류들을 어획하는 그물망) 어업으로 한꺼번에 대량 어획하기 때문에 그물 속에서 비늘이 벗겨진다. 이렇게 벗겨진 비늘이 꽁치 입으로 들어가 소화관에 쌓이는데, 이런 꽁치들을 내장째 먹으면 비늘이 입에 닿아 맛이 없게 느껴지는 것이다.

도쿄 미나미아자부에서 '와케토쿠야마'라는 레스토랑을 경영하는 노자키 히로미쓰는 은어 조리법처럼 꽁치 내장을 고운 체에 걸러 만든 소스를 바르면서 구워 내놓는데, 이렇게 하면 쓰디쓴 꽁치 내장도 거부감 없이 먹을 수 있다.

꽁치는 한자 이름 '추도어秋刀魚'에서 알 수 있듯이 가을이 제철인 생선이다. 그래서 예로부터 꽁치와 관련된 시구가 많다. 옛날에는 꽁치를 '사마나狹眞名'라 했다고 한다. 꽁치를 교토나 가나자와에서는 사요리サヨリ라 하고, 오사카나 세토 내해에서는 이 사요리를 사이로サイロ라고 발음했다. '추도어'라고 쓰게 된 것은 앞에서 말한 것처럼, 몸이 길고 파란 빛을 띠어 날카로운 칼 같고, 가을에 맛있으며, 각지에서 잡혔기 때문이라고 한다.

도
미

일반적으로 도미라고 하면 참돔을 가리킨다. 도미라는 이름이 붙는 생선은 많지만, 생선의 왕자로 취급되는 것은 참돔이며, 황돔, 붉은돔, 흑돔 등이 참돔과 비슷하다.

참돔의 치어보다 약간 큰 것을 고다이小鯛, 그보다 더 큰 것을 주타이中鯛라고 한다. 참돔은 몸길이가 1미터나 되는 것도 있는데, 일반적으로 40~50센티미터 크기를 요리에 사용한다. 주요 산지는 세토 내해, 동해, 도호쿠 지방, 보소 지방이다. 오사카에서 유명한 고다이의 나레즈시 중 하나가 '고다이스즈메즈시小鯛雀鮨'다.

도미는 수심 30~100미터에서 서식한다. 겨울에는 깊은 바다에서 살지만 봄철 산란기에는 얕은 바다로 이동한다. 치어는 조장藻場(해저에 다시마, 거머리말 등 해초가 밀생한 곳)에서 대형 플랑크톤을 먹으며 생활한다. 치어는 모래밭에서 적새우, 범새우, 꽃새우 등 보리새우류를 잡아먹으며 서식한다. 성어가 되면 바닷속 깊은 암초 지대에서 사는 육식성·잡식성 어류다.

참돔은 치어 때부터 새우의 플랑크톤, 작은 새우 등을 먹으며 생활하므로 '아스타잔틴'이라는 색소가 많다. 껍질의 특이한 주홍색은 아스타잔틴 때문이며, 새우나 게 등 갑각류의 색소 성분과 유사하다. 색이 곱고, 모양이 단정하여 바다 생선의 왕으로 불린다. "새우로 도미를 낚는다"는 속담은 "작은 것을 이용해서 큰 것을 손에 넣는다"는 뜻으로, 도미가 새우를 매우 좋아해서 생겨난 말이다.

도미는 껍질의 비늘과 뼈가 매우 단단하다. 손질할 때는 특히 비늘을 완전히 제거하지 않으면 먹기 힘들다. 거의 버릴 게 없는 생선으로, 일본 요리, 서양 요리 등 모든 요리에 어울린다. 특히 일본의 잔치 음식으로 구이, 이키즈쿠리가 이용되고, 머리는 가부토かぶと라 하여 가부토 조림, 가부토 구이도 맛있다.

도미는 일본 요리에서 빠지지 않는 재료다. 담백하고 균형 잡힌 맛에, 식감도 좋고, 살도 잘 부서지지 않는다. 형태와 색, 맛의 삼박자가 조화를 이루는 생선이다.

도미의 감칠맛은 새우와 게의 타우린

참돔의 살은 단맛이 도는 감칠맛이 난다. 이것이 회나 이키즈쿠리의 재료로 많이 이용되는 이유일 것이다.

그러나 사실은 이케지메한 직후에 근육이 꿈틀거리는 상태의 이키즈쿠리보다는 이케지메 후 하루 정도 냉장고나 얼음 저장고에서 숙성시킨 쪽이 감칠맛과 단맛이 강하다. 이키즈쿠리는 식감 등 소재의 맛을 즐기는 요리이고, 숙성시킨 회는 도미 본래의 감칠맛을 즐기는 요리라고 할 수 있다.

흰 살 생선인 도미가 붉은 살 생선인 참치보다 맛이 산뜻한 이유는 엑스분의 성분이 다르기 때문이다. 도미 살 100그램 중에는 타우린(유황을 함유한 아미노산)이 140~180밀리그램이나 들어 있다. 참치나 꽁치 같은 붉은 살 생선은 많아야 50밀리그램으로, 도미의 3분의 1에서 4분의 1밖에 되지 않는다. 타우린은 오징어나 새우, 게의 감칠맛 성분으로 중요한 역할을 하며, 약간의 단맛이 특징이다.

바닷속 암초에서 서식하는 자연산 도미의 먹이는 새우나 게다. 이러한 갑각류의 감칠맛도 타우린, 글리신, 베타인 같은 아미노산이다. 도미와 갑각류의 먹이사슬을 생각하면 도미에서 갑각류의 감칠맛이 나는 것은 당연하다. 아울러 일본인이 정말 좋아하는 복어의 감칠맛도 타우린과 관련 있다. 일본인은 도미나 복어처럼 달거나 짠맛이 확실하지 않은, 은은한 감칠맛이나 담백한 맛을 선호한다.

어육의 감칠맛을 결정하는 이노신산은 도미 살 100그램 중에 350밀리그램 정도 들어 있다. 이 양은 가다랑어의 420밀리그램보다는 적고, 방어의 300밀리그램보다는 많다. 도미가 지나치지도 부족하지도 않은 깊은 맛을 내는 이유는 아마도 이 이노신산 덕분일 것이다. 도미의 감칠맛 성분에는 붉은 살 생선에 적은 크레아틴이나 크레아티닌이 들
어 있으며, 이 성분이
도미의 깊은 맛에 영
향을 미친다. 또한 이노
신산, 크레아틴, 크레아티닌
은 육고기의 맛을 좌우하므로, 도미
와 육고기에는 공통된 성분이 있는 듯하다. 도미의 지방질 함량
은 5~6퍼센트로 많지 않으며, 감칠맛을 결정하는 성분은 이노신
산 같은 핵산 관련 물질과 타우린 등의 아미노산계 물질이다.

도미 요리의 최고봉은 머리 부분을 사용한 '가부토 조림'과 '가
부토 구이'다. 머리 부분의 턱 살은 탄력성과 식감이 최고다. 게다
가 턱 살의 지방질 함량은 8퍼센트로, 등이나 뱃살보다 두 배 많
아 부드러운 맛을 낸다. 모든 생선의 턱 부분 살은 호흡을 위해
항상 움직이는 아가미 주변이기 때문에 근육이 발달해 있다. 살
아 있는 동안에는 근육 내의 에너지 대사도 활발해서 ATP 양도
많다. 이 ATP야말로 사후경직에서 숙성으로 진행하는 과정에서
생성되는 다량의 이노신산과 관련 있다.

펄떡거리는 도미를 수조에서 꺼내 머리 부분에 칼을 대어 이
케지메해서 곧바로 이키즈쿠리를 만들기보다는, 이케지메한 후
에 냉장고나 얼음에 저장하여 하루 숙성시키는 편이 맛있다는
사실은 앞에서도 설명했다. 이것은 당연한 일로, 이케지메하든
자연사시키든 사후경직 과정을 거쳐 숙성기에 들어가므로, 숙성
기가 끝날 무렵에 감칠맛 성분이 많이 생성되어 육질의 맛이 좋

아지는 것이다. 이때가 가장 맛있게 먹을 수 있는 시기다.

현재 유통되고 있는 도미는 대부분 양식산이다. 양식산 도미는 사후경직과 숙성 과정을 거치면 양식장에서 먹던 인공 사료 냄새가 나므로, 사후경직이 오기 전에 이키즈쿠리로 먹는 것이 최선이다.

잔칫날의 도미 요리는 10세기부터

효고현의 아카시에서 어획되는 도미를 가리켜 특별히 '아카시 도미'라고 한다. 이 도미들은 봄이 가까워지면 산란을 위해 아카시 부근의 낮은 바다로 모인다.

흔히 도미의 제철은 봄이라고 한다. 벚꽃 전선의 북상과 산란기가 일치하기 때문이다. 산란기는 조금씩 다르며, 혼슈의 남쪽은 빠르고, 북쪽은 늦다.

서일본에서 벚꽃이 피는 3~5월 무렵에 산란장으로 이동하는 몸 빛깔이 아름다운 도미를 일컬어 '사쿠라다이櫻鯛'라고 한다. 아카시의 도미는 벚꽃이 피는 계절이면 산란 전 살이 통통하게 오른 상태가 되어 특히 맛있다. 동일본에서는 4~6월에 산란하므로, 그 지역의 벚꽃이 활짝 피는 시기와 일치한다.

이에 반해 양식산 도미는 8월 무렵에 부화해 치어가 나온다. 이 치어에 충분히 먹이를 주고 단기간에 1킬로그램(흔히 '눈대중으로 한 자'라 한다)이 되면 출하된다. 육질은 단단하지 않고, 먹이는 많이 먹지만 운동량이 적어서 기름기가 많다. 그래서 어느 정도 크면 먼 바다에 방류하는 방법도 시행한다. 육질을 좋게 하고 지방질 함량을 줄여 자연산 참돔에 가깝게 하기 위해서다.

일본과 계절이 반대인 뉴질랜드에서 제철을 맞은 뉴질랜드 참돔(물통돔)도 수입되고 있다. 일본에 도착해서 거래가 끝날 무렵에는 숙성기에 들어서므로, 일본산보다 맛있다는 평가다.

도미는 회, 초밥, 조림, 구이, 찜, 맑은 탕으로 먹지만, 작은 것은 소금구이하여 잔칫날 요리로 낸다. 도미는 '경사'(도미의 일본어 발음 '타이'는 경사스럽다는 뜻의 '메데타이めでたい'를 연상시킨다)를 뜻하는 생선으로 취급해온 옛 관습에 따른 것이다. 도미 요리의 기원은 일본에서 가장 오래된 요리책인 『요리 이야기料理物語』(1643)에도 나와 있다.

이 책의 기록에 따르면, 927년의 '엔기시키延喜式'(일본 헤이안 시대의 율령)에 천황에게 헌상하는 생선 가운데 도미 염장품과 건어물이 있었다면서, 도미가 잔칫날 음식에 빠지지 않고 오르게 된 것은 이때부터일 것이라고 한다. 헤이안 초기에는 잉어가 귀한 대접을 받았지만 요즘에는 흰 살 바다생선의 왕인 도미가 그 자리를 차지하게 된 것이다.

문
어

문어에는 흡반이 달린 여덟 개의 다리가 있다는 사실은 모르는 사람이 없을 것이다. 몸은 자갈색 또는 회백색이고, 백색의 반점이 있다. 문어는 담수가 섞이지 않아 염분이 강한, 맑고 깨끗한 연안의 암초 사이에서 서식한다. 세토 내해의 아카시가 이 조건에 맞는지 아카시 문어의 탁월한 맛은 아무도 부정하지 않는다.

문어는 일본 근해에만 30종이 서식한다. 일본인은 오징어만큼이나 문어를 좋아한다. 일본 근해의 오염과 남획으로 어획이 감소한 탓에 일본 내에서 소비되는 문어의 80퍼센트는 서아프리카에서 수입된다.

아카시 문어의 제철은 봄이고, 도호쿠 지방에서 잡히는 낙지의 제철은 가을부터 겨울이다. 도호쿠, 홋카이도에서는 문어를 많이 먹는데, 가을부터 봄이 제철이다. 수입산도 많아져서 낙지와 문어 모두 제철에 상관없이 일 년 내내 먹을 수 있게 되었다.

아카시의 다코야키가 맛있는 이유

문어회란 지금까지는 '데친 문어'를 얇게 썬 것을 가리켰다. 문어
는 날로 먹지 않으므로 옛날부터 데쳐서 사용했다. 그런데 언제
부터였는지 정확히는 알 수 없지만 데치지 않은 산낙지를 '회'로
먹기 시작했다. 회를 만드는 작업은 흡반을 도마에 단단히 붙이
고 있는 산낙지의 흡반 껍질을 벗겨내는 것부터 시작한다. 생선
요릿집에서는 산낙지와 데친 문어회를 구별해 취급한다.

　문어는 보통 부드러운 조림이나 볶음, 샐러드, 마리네, 초무침
으로 먹는 경우가 많다. 문어 요리 중에 '다코야키蛸焼き'(문어를 넣
은 풀빵)가 유명하다. 특히 아카시의 다코야키는 부드러운 식감과
소스 맛이 일품이다. 이 다코야키에 넣는 문어는 살짝 데쳐서 냉
장고에 하룻밤 숙성시켜 사용하는 것이 특징이며, 맛의 비밀이기
도 하다. 감칠맛 성분의 생성 과정을 잘 이용한 것이라 하겠다.

"문어 장사꾼은 폐병에 걸리지 않는다"는 말이 있다. 그 이유는
문어의 엑스분 성분 중 하나인 타우린의 체내 생리
활성 기능 때문이다. 이 타우린은 간의
기능을 개선하며, 피로 회복,
시력 증강 기능이 있다.
　오늘날에는 타우린
의 생리 활성 작용이 혈
중 콜레스테롤 수치를 억

제한다고 알려져 있다. 콜레스테롤이나 포화지방산 함량이 높은 음식을 많이 섭취하는 요즘은 혈중 콜레스테롤에 신경 쓰는 사람이 많다. 예전에는 문어는 콜레스테롤 함량이 높은 식품이어서 먹지 않는 편이 좋다고 했다. 그런데 사실 문어의 콜레스테롤은 유리형遊離型이므로, 혈중 콜레스테롤 수치의 상승과는 관련이 없다. 오히려 타우린을 포함하고 있어 혈중 콜레스테롤 수치의 상승을 억제하는 식품이다. "문어를 먹고 정력이 왕성해진 호색한이 있었다"는 말 때문인지 사람들이 즐겨 마시는 '드링크'에도 타우린 성분이 들어 있는 것이 많다.

문어의 감칠맛은 다른 어패류와 마찬가지로 졸일 때 국물에 녹아드는 엑스분 안에 존재한다. 실제로 질긴 문어를 오래 씹다 보면 감칠맛을 느낄 수 있다. 단맛이 도는 감칠맛으로, 주성분은 타우린이다. 일반적으로 타우린만으로는 단맛이 약하기 때문에 글리신이 있으면 단맛이 더욱 강해진다. 문어의 엑스분에는 오징어에 비해 글리신이 적게 들어 있어 오징어보다는 단맛이 약하다.

문어 근육조직의 특징을 응용한 '사쿠라니'

문어는 씹어 삼키기 어려울 정도로 질길 때가 있다. 데친 것이든 날것이든 마찬가지다. 그렇게 질긴 문어 다리를 씹어 삼킬 수 있도록 부드럽게 요리한 것이 '문어 조림'과 '사쿠라니櫻煮'(문어를 벚꽃색이 나도록 졸인 요리)다. 문어 다리를 무로 두드려 익히면 부드러워진다. 문어의 껍질과 근육의 조직은 오징어 껍질처럼 규칙적인 층을 이루지 않고 불규칙하게 배열되어 있어 오징어에 비해 썰기 쉽다. 살이 두툼해서 무로 두드리면 엑스분이 녹아 빠져나오지 않고 부드러워진다. 문어 조림은 그러한 성질을 응용한 요리다.

그리고 팥을 넣고 푹 삶으면 남은 열이 팥에 흡수되기 때문에 그리 높지 않은 온도에서 천천히 익힐 수 있고, 문어의 단백질 변성도 심하지 않다. 또한 팥의 안토시아닌 성분이 문어의 단백질과 결합하여 예쁜 연분홍색이 되어서 '사쿠라니'라고 한다.

문어는 데치면 껍질이 붉게 변한다. 아이들에게 문어를 그리게 하면 빨갛게 그리곤 하는데, 문어가 본래 붉은색인 줄 아는 모양이다. 어쩌면 데쳐서 빨개진 문어밖에 본 적이 없었기 때문인지도 모르겠다. 문어는 몸 표면에 세 가지 색소포를 갖고 있고, 다리나 머리가 수축하거나 쉬거나 활동할 때나 흥분할 때 등 각각의 상태에 따라 몸의 색이 변한다. 활동할 때는 다갈색, 흥분하면 암적색으로 변한다. 바닷속에서 생활할 때는 보통 은은한 은색을 띠지만, 서식 장소에 따라 색이 달라지고, 자극을 받으면 흥분해서 붉어진다. 다양한 색으로 변하기 때문에 '칠색조 아저씨'라는 애칭도 있다.

문어를 데치면 색깔이 붉어지는 이유는 몸 표면의 색소포에 존재하는 옴모크롬이라는 색소의 변화 때문이다. 이 색소는 멜라닌 색소와 비슷하지만, 흑갈색의 멜라닌과는 화학 구조와 성질이 다르다. 문어를 뜨거운 물에 넣으면 색소포에서 옴모크롬이 녹아 나온다. 이것이 알칼리성의 데친 물(채소 등을 데칠 때 소금을 넣으면 약알칼리성이 된다)과 반응하여 몸 표면의 색이 팥색이 된다. 이 팥색으로 변한 색소는 문어 근육 속의 단백질과 결합하여 안정된다.

하지만 물문어의 색소포에는 옴모크롬이 없기 때문에 데쳐도 붉어지지 않는다. 그래서 적색계 착색료로 착색한다. 이 색은 산성 상태에서 유지되므로, 문어 초무침의 적색이 오래 유지된다.

서양인은 낙지의 형태나 움직임을 좋아하지 않아 '악마의 물고기devilfish'라고 부른다. 반면 포르투갈, 스페인, 이탈리아에서는 즐겨 먹는다. 그래서 이탈리아 요리나 스페인 요리에는 데쳐서 붉게 변한 문어가 들어간 그린 샐러드나 마리네Mariner(고기나 생선을 양념이나 각종 향채소 액에 담가 절이는 방식)가 많다. 러시아인들도 대체로 문어를 잘 먹는 편이다.

남성의 모든 힘을 빼앗는 '탐욕스러운 여자'를 문어에 빗대어 말하는 나라도 있다고 한다. 다리에 있는 흡반으로 자기 몸의 20배나 되는 것을 빨아올리는 문어의 특성 때문에 일본에서도 호색한 기질이 있는 여성을 '문어'라고 부르기도 한다. '문어'나 '문어 아가씨'라는 호칭은 친구나 여성을 바보 취급할 때 사용하는 걸 보면, 문어가 좋은 의미로 등장하는 경우는 별로 없는 듯하다. '문어 입도' '문어 중'이라는 호칭도 승려의 머리가 까까머리라는 데서 유래한 것이다.

그런데 이렇게 나쁜 예로 쓰이는 문어의 암컷은 사실 대단히 정숙하다고 한다. 자손이 끊이지 않도록 많은 알을 낳아 필사적으로 키우고, 새끼들이 큰 바다로 나아가는 것을 본 후에 어미 문어는 자취를 감추고 생을 마친다. 연어처럼 알을 낳고 바로 죽어버리는 것과는 대조적이다.

"입속에서 이리저리 움직이는 문어와 전복."

이것은 문어나 전복을 먹을 때의 식감을 표현한 센류川柳(에도 시대에 유행한 풍자적인 정형시)다. 문어나 전복이 살아 있을 때는 구불구불 움직이기 때문에 부드러워 보인다. 그러나 노인은 씹어 삼키기 어려워 이 사이에서 요리조리 삐져나오는 것을 풍자한 시다.

'문어'를 나타내는 한자에는 '벌레 충'이 붙어 있다. 옛날에는 문어를 물고기로 생각하지 않았던 듯하다. 본래는 '章魚'라고 쓰고 '다코'라고 읽었다. '문어鮹'라는 글자가 생긴 것은 헤이안 시대다.

갈
치

갈치는 몸이 길고 가늘고 납작하게 생겼으며, 길이는 1.5~2미터 정도다. 몸 표면은 은백색이고, 큰 칼처럼 생겼다고 해서 한자로는 '太刀魚'로 표기한다. 머리를 위로 향한 채 W자 모양으로 상하 운동하고 선혜엄을 치기 때문에 '立魚'라고도 하지만, 요즘은 거의 '太刀魚'라 쓴다.

갈치는 비늘은 없지만, 몸 표면은 은색 구아닌(핵산 구성 성분인 퓨린 염기의 유기 화합물)으로 덮여 있다. 잡은 후에 거칠게 다루면 이 은박이 벗겨져 신선도가 떨어진다. 옛날에는 이 구아닌을 모아 '다치하쿠タチハク'(갈치처럼 은색을 내는 도료)라는 것을 만들고, 이것을 셀룰로이드에 섞어 유리구슬에 발랐다. 이렇게 해서 완성된 것이 '모조 진주'였다고 한다.

갈치는 간사이에서 즐겨 먹는 생선이다. 도쿄에서도 슈퍼나 백화점 생선 매장에서 갈치를 찾아볼 수 있게 되었지만, 간사이에

서처럼 많이 먹지는 않는다. 가마보코蒲鉾(일본식 어묵)의 재료로
사용될 정도로 간사이에서는 많이 이용된다.

지금은 중국, 아시아 각국, 유럽이 일본보다 많이 먹는 듯하다.
아마도 기름이나 버터를 사용하는 요리에 어울리기 때문일 것이다.

갈치 요리로는 은색 껍질을 활용한 '린 긴가와즈쿠리銀皮造り'라
는 것이 있다. 이것은 다시마에 절인 갈치회인데, 먹어보면 깜짝
놀랄 만큼 맛이 있다. 다만, 굉장히 신선한 갈치가 아니면 만들기
어려운 요리다.

육질이 부드럽고 부서지기 쉬워서 조림이나 찌개에는 적합하지
않다. 신선한 갈치는 토막 내서 소금구이, 버터구이, 튀김으로 먹
는 편이 좋다. 흰 살 생선 특유의 담백한 맛이 나므로 기름이나
버터를 사용한 요리에 적합하다. 소금구이, 양념구이에는 살이
적당히 오른 봄철의 갈치가 좋다. 소금구이는 초간장에 찍어 먹
으면 느끼한 맛이 덜하다.

갈치의 단점은 잔가시가 많다는 것이다. 잔가시를 일일이 제거
하기가 번거롭기 때문에 고급 요릿집에서는 조림이나 구이에 갈
치를 거의 사용하지 않는다. 다만, 가마보코에 사용하면 맛이 있
어 고급 가마보코의 원료로는 가치가 있는 생선이다.

의외로 많은 올레인산

'일본식품표준성분표'에는 갈치의 지방질 함량이 20.9퍼센트라고

기재되어 있지만, 봄부터 여름에 걸쳐 보소 앞바다에서 잡히는 갈치의 지방질 함량은 더 높다. 이 시기에는 알집도 성숙하지만, 알의 식감은 그리 좋지 않다.

수분도 적어서 연 평균 수분 함량은 75퍼센트 정도다. 제철에는 70퍼센트로 더욱 적어진다. 여름이 지나면 지방질 함량이 감소하여 매우 담백한 맛을 낸다. 지방질의 지방산 조성을 보면 바다 생선으로는 드물게 올레인산이 많아서 지방이 많아도 맛은 담백한 편이다. 그러면서도 EPA나 DHA가 들어 있기 때문인지 약간 깊은 맛을 느낄 수 있다. 1킬로그램 이상의 갈치는 여름부터 가을에 걸쳐 잡힌 것이 맛있다.

갈치의 흰 살에는 조미료가 스며들기 쉬워서 간장 절임 등의 가공식품으로 생선 가게에 진열되는 경우가 많다. 본래는 살이 부드러운 생선이지만, 간장 절임을 하면 간장 속의 염분이 단백질을 응고시켜 육질이 단단해진다는 이점도 있다.

갈치는 떼를 지어 이동하는 습성이 있다. 겨울이 되면 월동을 위해, 초여름에는 산란을 위해 두 차례에 걸쳐 대이동을 한다. 갈치는 고등엇과에 가까운 난류성 물고기로, 월동을 위해 남쪽 바다로 이동했다가 여름에 북상하고, 가을이 되면 다시 남하하는 회유어다.

계절에 따라 대이동하는 갈치의 습성은 대대로 이어진 생활방식이며, 평상시 밤과 낮의 생활 패턴은 치어와 성어가 각각 다르다. 치어는 낮은 해저에서 10미터 정도의 좁은 범위 내에서 생활하다가 밤에는 중간층으로 올라온다. 성어는 야간에는 해저 근처에서 조용히 지내다가 낮이 되면 먹이를 찾아 활동을 개시한다. 치어나 성어 모두 먹이를 먹고 나면 흩어져 해저 근처에서 활동한다. 인간으로 말하자면, 치어는 밤이 되면 신주쿠나 시부야의 번화가로 나갔다가 아침이 되면 어딘가로 흩어지는 젊은이이고, 성어는 낮에는 성실히 일하고 밤이 되면 집으로 돌아가는 어른이라고나 할까.

대
구

회는 어부의 특권

보통 대구라고 하면 참대구를 일컫는다. 참대구는 몸길이가 1미터나 된다. 등 쪽은 회갈색으로 불규칙한 무늬가 있으며, 복부는 흰색이다. 한대성 어종으로 북태평양을 중심으로 서식하며, 먼 바다를 회유하는 대구와 갈라진 암반 사이에 사는 대구가 있다. 일본에서는 북일본과 홋카이도의 깊은 바다에서 서식하며, 겨울에 산란을 위해 얕은 바다로 올라오면 잡는다. 잡식성으로 욕심이 많아서인지 살에 함유된 엑스분의 맛이 좋다. 보존성이 좋은 건어물로도 가공된다.

같은 참대구 종류인 명태(스케소다라助宗鱈라고 부르는 사람도 있다)는 참대구보다 약간 작으며, 홋카이도부터 산리쿠 앞바다, 동해 쪽은 사도 지역을 중심으로 서식한다. 명태의 알집은 다라코タ

ㅋㅋ(모미지코紅葉子), 즉 명란젓으로 가공된다. 살은 가마보코 종류의 원료인 '으깬 냉동 어묵에 적합하도록 가공되므로, 가마보코의 원료로 빼놓을 수 없다. 남획으로 인해 최근 일본 근해에서는 잘 잡히지 않아 해외에서 수입하고 있는 실정이다.

일본어로 히게다라髭鱈라는 생선이 있다. 대구의 일본어인 '다라'가 붙지만 이것은 대구가 아니라 첨치과에 속하는 붉은메기다. 근해어로 고급 생선이며, 잔치 요리에 이용된다.

참대구와 붉은메기 모두 신선도가 빠르게 떨어지는 생선이다. 이 두 생선의 신선한 맛을 음미할 수 있는 특권은 어부밖에 없다. 시간이 지나면 비린내가 강해지고, 살도 부서지기 쉽다. 참대구는 소금에 약하게 절여 시판되는 경우가 많다. 생물 대구와 소금에 절인 대구 모두 소금과 살 속 엑스분의 궁합이 잘 맞아 맑은 탕요리에 빠지지 않는 재료다.

갓 잡은 대구는 살이 투명하고 비린내가 나지 않아 회 요리에 최적이지만, 이는 어부만이 누릴 수 있는 맛으로, 어시장에 도착했을 때는 이미 비린내가 나기 시작한다. 가정에서는 조림, 튀김, 구이, 맑은 탕, 찜, 뫼니에르meunière(생선에 밀가루를 묻혀 버터에 굽는 프랑스 요리) 등의 요리에 어울린다. 술지게미 절임, 소금 절임도 맛에 깊이가 있어 좋다.

소금에 살짝 절인 대구는 요리에 그대로 사용해도 되지만, 간을 맞추기 어렵기 때문에 조심해야 한다. 소금기가 많은 것은 소금기를 제거한 후 사용한다. 소금의 양이 많든 적든 염장한 대구는 살이 단단해서 생물 대구보다 조리하기 편하다.

　말린 대구는 저장식으로 잘 알려져 있다. 보통은 구워서 잘게 찢어 오차즈케로 먹는다. 교토의 명물 요리 '이모보いもぼう'는 말린 대구를 쌀뜨물에 불려 사용한 조림으로, 해산물을 구하기 어려웠던 옛 교토인들에게는 중요한 단백질 보급원이었다. 최근에는 냉동 대구가 시판되어 말린 대구의 소비량이 점차 줄어들고 있다.

살이 부서지기 쉬운 이유

참대구는 지방질 함량이 0.2퍼센트로 매우 적어 맛이 담백하다. 대구의 담백한 맛은 엑스분과 육질에서 나온다. 지방질 함량이 적다는 것은 튀김, 뫼니에르 등 기름을 사용하는 요리에 어울린다는 뜻이기도 하다.

　대구 살은 비교적 탄력성이 있어 아주 신선한 대구는 회로 먹어도 식감이 뛰어나다.

　엑스분 속의 질소량은 어육 100그램당 350밀리그램 정도로, 붉은 살 생선이나 등 푸른 생선보다 적다. 그러나 같은 저서어(바다나 하천 바닥에 사는 물고기)인 아귀보다는 훨씬 많다. 특히 감칠맛 성분인 트리메틸아민옥사이드, 안세린, 메틸히스티딘이 많다. 이들 물질이 대구 특유의 시원한 감칠맛을 구성하는 성분으로 추측된다.

대구는 맑은 탕, 구이, 튀김 같은 요리를 할 때 열을 가하면 살이 부서지기 쉽다. 탕 속의 큰 대구 살을 젓가락으로 집으려다가 실패한 경험은 누구나 있을 것이다.

이는 대구의 근육 덩어리를 감싸고 있는 근절이라는 결합조직 때문이다. 대구 살의 결합조직에 존재하는 단백질인 콜라겐과 엘라스틴의 양을 비교하면 엘라스틴이 더 많다. 가열하면 콜라겐은 부드러운 젤라틴으로 변하지만, 엘라스틴은 그대로 남는다. 또한 나머지 단백질은 가열하면 응고하여 살이 수축한다. 그러므로 열을 가하면 엘라스틴에 싸인 근육의 각 덩어리 사이에 틈새가 생겨 살이 부서지는 것이다.

대구 요리 하면 역시 탕이다. 홋카이도나 사도에서 즐겨 먹는 '오키지루神汁'의 맛의 비밀은 기본적으로 신선한 대구를 사용하는 것이다. 탕을 끓이면 대구 살 속의 엑스분이 국물 속으로 녹아들고, 함께 넣은 채소와 기타 어패류 속 엑스분의 감칠맛 성분이 상승효과를 일으켜 국물 맛이 더욱 좋아지는 것이다. 홋카이도나 사도에서 맑은 탕을 '오키지루'라고 부르는 이유는 갓 잡은 생선을 바다 위 배에서 끓여 먹기 때문이라고 한다.

대구가 신선도가 빠르게 떨어지는 생선이라는 점은 실험으로도 밝혀졌다. 대구는 얼음에 저장하고 이틀이 지나면 비린내가 나기 시작한다. 같은 조건에서 도미는 비린내가 나기까지 8일이 걸린다. 신선도가 빠르게 떨어지는 이유는 살 속의 수분량 때문이다. 대구는 80퍼센트로, 도미(72퍼센트)나 그 밖의 생선보다 많다.

대구 살에 소금을 뿌리면 수분은 줄고, 단백질은 응고하므로,

보존성이 좋아진다. 염장한 대구에서 소금기를 뺄 때는 물에 약간의 소금을 풀면 좋다는 말이 있다. 하지만 실험 결과, 이 방법은 그리 효과가 없었다.

대구의 이리(수컷의 정소)는 국화 꽃잎처럼 쉽게 구부러진다고 해서 기쿠코菊子라고도 한다. 이 이리를 초무침하거나, 국이나 매운탕 등에 넣었을 때의 식감은 가히 일품이다. 특히 홍고추로 물들인 무즙이나 실파를 다져 넣은 폰즈에 찍어 먹으면 단맛이 부각되어 더욱 맛있다. 이 감칠맛의 원천은 다량의 엑스 성분과 엑스 질소다. 또한 정소의 주 단백질인 프로타민을 구성하는 아미노산에 아르기닌이 많아서인 것 같다.

대구는 한자로 '물고기 어魚' 변에 '눈 설雪'을 붙여 '鱈'이라 쓰고 일본에서는 '다라たら'라고 부른다. 이 한자만 봐도 대구는 제철이 한겨울이고, 추운 바다에서 잡히며, 눈 오는 날에 후후 불면서 탕으로 끓여 먹는 생선이라는 이미지가 강하다. 대구의 맛이 좋은 것은 아마도 욕심이 많은 생선이기 때문일 텐데, 대구는 100여 종에 가까운 어패류를 먹어치운다고 한다. 여기에서 배부르다는 의미의 '다라후쿠鱈腹'라는 말이 생겼다.

도호쿠에는 "대구는 말馬의 콧김으로 익힌다"는 말이 있다. 이는 그만큼 잘 익는다는 뜻이다. 홋카이도에서는 "대구 맑은 탕과 눈길雪道은 뒤쪽으로 갈수록 좋다"고 말한다. 대구의 깊은 맛을 의미하는 속담이다.

날
치

날치는 해수면에서 수 미터 이상 높이 날아올라 시속 약 60킬로미터의 속도로 한 번에 100~400미터나 이동한다. 멀리까지 날아가기 때문에 길한 물고기로 대접받았다. 날치는 더욱 멀리 날기 위해 몸을 가볍게 해야 한다. 그래서 먹은 것이 체내에 오래 남지 않도록 먹자마자 빠르게 소화하기 위해 장이 짧다.

서일본에서는 '아고' '쓰바우오' '도리우오' '돈보우오'라고도 부른다. 간사이에서는 즐겨 먹지만, 간토에서는 별로 먹지 않는다.

돗토리의 명물인 아고 꼬치구이는 날치로 만드는데, 이 지역의 인기 명산품이다. 나가사키현 히라도시에도 유명한 날치 요리가 있다. 말린 날치를 구운 후에 두드려서 부드럽게 만든 것이다.

『혼초쇼칸本朝食鑑』에 따르면, 날치의 한자어 '비어飛魚'는 '문요어文鰩魚' 또는 '요鰩'에서 유래했고, "지느러미가 길고 얇다. 이를 펼치면 새의 날개와 같고, 잘 날아오른다"라고 했다.

아마미오섬에서는 하늘을 나는 물고기라고 하여 옛날에는 먹지 않았고, '지옥의 물고기'라며 싫어했다고 한다. 1782년부터 6년 동안 기근이 심각했던 때부터 식용으로 이용하게 되었다고 한다. 오키나와에서는 날치를 '봄을 알리는 물고기', 단고 반도나 와카사 지역에서는 5, 6월에 날치가 나타나므로, '여름을 알리는 물고기'로 알려져 있다. 장소가 바뀌면 가치도 변하는 것을 알려주는 예이기도 하다.

건어물로 적합한 생선

'일본식품표준성분표'에 따르면 날치의 지방질 함량은 0.7퍼센트로 적다. 지방질이 적기 때문에 말려도 산화가 잘 일어나지 않는다. 단백질 함량은 21퍼센트나 된다. 말리는 동안 숙성이 진행되면 분리되는 아미노산의 양이 많아져서 맛이 특별해진다.

봄부터 가을에 걸쳐 먹는 생선이지만, 제철은 4월이며, 구이, 튀김, 산적으로 만들면 맛있다.

초봄에 하치조섬을 중심으로 잡히는 날치를 '하루토비春飛'라고 한다. 이 시기에 잡히는 것은

'하마토비우오'다. 그 후에 잡히는 것을 '나쓰히夏飛'라 하며, '혼토비' '아카토비' 등이 있다.

예로부터 "날로 먹으면 별로지만, 말린 것은 맛있다"(『혼초쇼칸』)라고 했다. 날치 건어물을 맛없다고 하는 사람은 없다. 그중에서도 나가사키의 날치 건어물, 이즈시치섬·미야케섬·하치조섬의 '구사야'는 유명하다. 구사야의 원료로는 보통 갈고등어(전갱이)를 사용하지만, 날치가 보기도 좋고 맛도 좋다.

산인에서부터 규슈에 이르는 각 지역에서는 설 떡국의 국물을 내는 데 구워 말린 날치를 사용한다. 가쓰오부시로 낸 '국물'에 비하면 풍미가 약간 떨어지지만, 감칠맛은 가쓰오부시보다 뛰어나다. 산인부터 규슈에 이르는 지역에서는 날치를 '아고'라고 하는데, 설 요리에는 '아고 국물'이 빠지지 않는다.

고서 『어감魚鑑』에는 날치의 효능이 적혀 있다. 예를 들면 "난산에는 날치를 바짝 구워 가루를 낸 뒤 술에 타서 마신다. 또한 임산부가 많이 먹으면 좋다. 젖몸살에는 지느러미를 구워 먹으면 효과가 있다"고 쓰여 있다. 현대 의학에서 이를 어떻게 평가할지는 알 수 없지만, 옛날에는 출산을 앞둔 여성의 다양한 질환이나 순산을 위한 묘약으로 많이 먹은 생선인 듯하다.

날치에 어떤 약효가 있는지는 모르지만, 나가사키와 고도五島 열도에서는 많이 이용한다. 특히 날치의 염장품은 '호시아고千レアゴ'라고 하여, 설 떡국에 사용한다. 날치는 '국물'을 낼 때 주로 사용하지만, 떡국에 넣는 호시아고는 국물을 낼 뿐 아니라 건더기를 먹기도 한다. 아울러 날치는 회로도 먹는다. 회로 먹을 때 양

넘은 생강이 좋다. 날치 살을 전갱이 다타키처럼 잘게 썰고, 여기
에 마 간 것, 잘게 썬 오크라를 올려 생강을 넣은 간장에 찍어 먹
으면 별미다.

청
어

홋카이도에서 청어가 사라진 것은 1955년경부터다. 그후 10년도 안 되어 청어는 술집 메뉴에서도, 냉동고에서도 자취를 감춰버리고 말았다.

예전에는 마음만 먹으면 언제든지 생선 가게에서 청어를 사다가 집에서 구워 먹을 수 있었다. 봄이면 시장에 청어가 넘쳤다. 홋카이도의 일본해 연안에 군생했기 때문이다. 이 청어는 자원학적으로는 홋카이도 가라후토계係 청어로, '회유성 청어' 그룹에 속한다. 하지만 현재 시장에서 볼 수 있는 청어는 이런 청어가 아니라, 북양北洋이나 사할린(가라후토) 연안에서 잡혔거나 왓카나이나 루모이 연안에서 잡힌 '근어성根魚性(ねうお, 주로 암초 둘레에서 서식한다는 뜻) 청어다. 북양에서 잡힌 것이나 근어성 청어는 예전에 홋카이도 연안 부근에서 잡힌 청어보다 맛이 떨어진다. 북쪽 바다에서 잡힌 청어는 냉동 유통되고, 근어성 청어는 몸이 작고, 살도 부실하고 퍼석퍼석하다.

최근에는 대서양에서 잡힌, 지방질 함량이 10~15퍼센트나 되는 청어가 자주 보이는데, 이것은 근어성 청어나 북양에서 잡힌 것보다는 평판이 좋다. 대서양에 서식하는 청어는 홋카이도에서 무리를 지어 살던 청어와는 다른 종류로, 태평양에서 잡히는 태평양 청어와 구별해 대서양 청어Atlantic Herring로 분류한다.

말린 청어를 쌀겨 넣은 물에 불리는 이유

오래전 홋카이도에서는 갓 잡은 청어 구이를 먹을 수 있었고, 홋카이도 사람들은 그 맛에 크게 만족했다고 한다. 또한 홋카이도에서 청어 구이를 한번 맛본 사람은 도쿄의 냉동 청어나 염장 청어는 거들떠보지도 않았다고 한다.

봄이 제철인 청어의 지방질 함량은 20퍼센트에 가까워 매우 맛있다. 숯불에 구우면 기름이 숯불에 떨어져 지글지글 소리가 나고, 불꽃도 올라오며, 연기도 난다. 역시 구워 먹어야 제 맛이다.

가공품으로는 염장 청어, 말린 청어 등 장기 보존을 고려한 것들이 있다. 특히 말린 청어는 먹기 전에 쌀뜨물이나 쌀겨를 넣은 물에 불린다. 쌀뜨물에 불리는 이유는 청어를 말리는 과정에서 생긴 과산화 지방질을 쌀뜨물 속의 전분에 흡착시키기 위해서다. 쌀뜨물에 불린 후 물로 씻어내면, 과산화 지방질이 전분과 함께 씻겨나가기 때문에 과산화 지방질의 떫은맛이 사라진다. 쌀겨

를 넣은 물에 불리는 이유는 쌀겨 속 지방질 분해 효소(리파아제)
의 작용으로 산화한 지방질이 분해되어 없어지기 때문이다. 전에
말린 청어를 쌀뜨물과 쌀겨를 넣은 물에 불렸을 때의 지방질 변
화를 비교 실험한 적이 있다. 양쪽 모두 여분의 지방질을 제거하
는 기능이 있다는 사실을 알 수 있었다. 특히 쌀겨를 넣은 물은
과산화 지방질을 없애는 작용을 한다는 사실도 확인했다. 이처럼
옛 사람들의 삶의 지혜가 얼마나 과학적, 합리적인지를 확인하는
것은 매우 기쁘고 흥미롭다.

청어는 지방질 함량이 높다. '일본식품표준성분표'에는 15.1퍼
센트라고 적혀 있다. 청어는 감칠맛이 적고 비린내가 나므로 요리
를 할 때는 양념을 진하게 하는 편이 좋다. 실제로 데리야키, 된
장양념조림, 찌개 등 약간 진한 양념의 요리가 많다.

말린 청어도 물에 불린 후에 다시마 말이, 조림 등 양념을 진하
게 해서 먹어야 맛있다. 청어의 성분을 보면 수분 66.1퍼센트, 단
백질 17.4퍼센트, 지방질 15.1퍼센트다. 수분이 적고 지방질이 많
은 청어의 맛은 상
당 부분 지방질에서
나오는 것 같다. 지방질
을 구성하는 지방산은 올레
인산 같은 일가불포화지방산이
대부분이고, EPA나 DHA 같은
다가불포화지방산은 적다. 구이
든 조림이든 기름이 많은데도 맛이

담백한 이유는 올레인산이 많기 때문이다. 지방산 조성은 장어의 지방질과 유사하다. 말린 청어는 지방질 함량이 16.7퍼센트이므로 본래는 기름진 맛이 나야 하지만, 물에 불리는 과정에서 지방질이 어느 정도 제거되고, 양념이 진한 덕분에 산뜻한 맛을 느낄 수 있다.

청어는 단백질 함량이 17.4퍼센트로 다른 생선보다 적다. 따라서 아미노산계의 감칠맛도 적을 것으로 예상된다. 감칠맛이 적은 생선이어서 간장을 사용하여 아미노산계의 감칠맛을 보충하면 맛있게 먹을 수 있다.

청어는 일본뿐만 아니라 북유럽에서도 먹는 생선이다. 북유럽에서는 청어 초절임을 하거나 신선한 청어를 버터에 구워 먹는다. 아마 홋카이도 연안산과는 다른 종류의 청어(대서양 청어)를 사용할 것이다.

청어는 몸통의 살코기보다는 '가즈노코数の子'라 불리는 알집의 가격이 더 비싸다. 예전에는 말린 청어 알집을 물에 불려 국물, 간장, 술 등의 조미액에 담가 맛을 냈다. 하지만 요즘은 간을 하지 않고 말린 청어 알집은 찾아보기 어렵다. 현재 시장에 나와 있는 청어 알집은 염장하여 냉동한 것이다. 물에 담가 소금기를 빼고, 맛 간장에 담가 맛을 낸다. 설 음식에 빠뜨릴 수 없는 요리다. 청어 알집의 포란 수는 3만~10만 개로 많아, 길하다는 이유로 경사가 있는 날에 귀한 자식에게 장식으로 달아주었다. 이것을 '가즈노코'라고 한다. 이 이름은 청어의 아이누(홋카이도와 러시

아의 사할린, 쿠릴 열도 등에 사는 소수 민족)어인 가도ﾉ가에서 유래
했다.

가즈노코보다 더 인기 있는 것으로 '고모치곤부子持ち昆布'가 있
다. 다시마 사이에 청어 알을 겹겹이 넣은 것이다. 보통 맛간장으
로 양념해서 먹으며, 술안주에 어울린다. 요즘은 캐나다나 알래
스카 부근에서 다시마를 생육하고, 그곳에 청어를 몰아넣어 다시
마에 알을 낳게 하고, 그 다시마를 채취하는 다소 비정한 방법으
로 고모치곤부를 만든다.

청어는 다획어여서 정어리와 함께 대중적인 생선으로 취급받
았다. 하지만 청어가 홋카이도에서 사라지고 있는데도 여전히 귀
한 생선으로 생각하지 않는 이유는 무엇일까? 청어보다 가즈노
코나 고모치곤부를 더 귀하게 여기는 것은 어란을 선호하는 일
본인의 기호 때문일 것이다.

본래 청어는 원양으로 잡히는 물고기지만, 산란기인 봄에는 해
조가 무성한 연안에 무리를 지어 다가와 방란·방정을 시작한다.
이 시기에는 청어의 정액 때문에 해수가 흰 색을 띠었다고 하는
데, 이제는 그런 광경은 상상할 수도 없게 되었다.

교토의 명물 '청어 메밀국수'

교토의 명물 요리로 '청어 메밀국수'가 있다. 메밀국수의 맛과 생
선의 독특한 조합이 궁금하지 않을 수 없다. 그 옛날 교토는 동

해 쪽 항구까지 연결되는 교통이 불편하여 신선한 생선을 들여오기가 여의치 않아 장기 저장이 가능한 어패류밖에 들여올 수 없었다. 홋카이도에서 오사카로 향하는 무역선은 와카사만에 들러 홋카이도의 다시마, 말린 대구, 말린 청어를 내려놓았다. 그리고 와카사만에서 육로를 통해 이러한 건어물을 교토로 보냈으므로, 교토의 수산물 요리는 다시마로 낸 국물 중심이었다. 또한 말린 청어나 말린 대구를 이용한 요리가 발달했다.

교토의 명물 요리인 청어 메밀국수는 해산물의 직접 유입이 어려웠던 교토 특유의 요리다. 말린 청어를 메밀국수에 사용하려면 품질이 좋은 것을 골라 정성스럽게 불순물을 제거하고, 부드러워질 때까지 쌀뜨물 등에서 불린 후, 달지도 짜지도 않게, 살도 부서지지 않게 익혀야 한다. 최근 부드러운 타입의 말린 청어가 판매되고 있지만, 비린내 때문에 청어 메밀국수에는 어울리지 않는다.

청어는 신선도가 빠르게 떨어지고 기생충 감염 우려도 있으므로 날로는 먹지 않는 편이 좋다. 살이 적당히 오른 신선한 청어는 앞에서도 말한 것처럼 구워 먹어야 제 맛이지만, 홋카이도 일부에서는 아주 신선한 청어를 '누타'라는 형태로 생식하는 곳도 있다.

망
둑
어

망둑어는 모래가 많은 진흙에서 산다는 이유로 처음에는 '沙魚'라고 표기했지만 나중에 '鯊'로 바뀌었다.

　망둑어는 일년어다. 그해에 태어난 5~8센티미터 정도인 망둑어를 '데키하제' 또는 '데키'라 하고, 그 전 해에 태어난 것을 '히네하제' '노코리하제' '에쓰넨하제'라고 한다. 계절에 따라 '데키하제→히간하제→오하구로하제'로 이름이 바뀐다. 태어난 해에 제대로 성장하지 못해 에쓰넨하제가 되는 것도 있다.

　망둑어는 도쿄식 튀김의 원료로, 양태, 청보리멸과 함께 3대 튀김 원료 중 하나다. 도쿄식 튀김은 이 세 가지 생선만 있으면 더 이상 할 말이 없다.

　망둑어는 담수산과 해수산을 합해 110종이 있다. 보통 식용으로 이용하는 망둑어는 바다에 인접한 강에 사는 문절망둑이다. 이 문절망둑이 가을부터 겨울까지 바다와 가까운 강으로 이동하

면 이때부터 문절망둑 낚시가 시작된다. 도쿄만에서 가을의 문절
망둑 낚시는 계절 행사다.

망둑어는 먹이 욕심이 많은 물고기라서 낚시의 재미를 만끽할
수 있다. 초보자나 아이도 낚시로 잡기 쉬운 물고기다. 가을의 히
간彼岸(춘분과 추분을 중심으로 한 7일간)은 망둑어 낚시철로, 이 시
기의 망둑어를 '히간하제'라고 한다.

히간 무렵 날씨가 쾌청한 날을 '하제비요리鯊日和り'라고 한다. 히
간 기간 가운데 날에 낚시로 잡은 망둑어를 먹으면 중풍에 걸리
지 않는다는 말이 있다.

망둑어 조림을 맛있게 하는 비결

망둑어의 비늘을 벗기고, 가슴지느러미와 머리를 제거한 후에 배
를 갈라 벌리면 반투명의 흰 살이 나타난다. 이 살을 회나 이토
즈쿠리로 해서 간장에 고추냉이나 생강을 넣어 찍어 먹는다.

이처럼 손질이 번거로운 생선이지만 뛰어난 맛을 자랑한다.

낚시꾼은 회 외에도 갓 잡은 망둑어를 손질하여 튀김, 건어물,
조림을 해서 먹는다. 말린 망둑어는 설날 떡국의 국물이나 조림
에 이용하면 담백하면서도 깊은 맛을 낸다.

망둑어의 지방질 함량은 겨우 0.2퍼센트라서 산뜻한 맛이 난
다. 동시에 특유의 향이 느껴지는데, 이는 망둑어가 담수나 기수
汽水(바닷물과 민물이 만나 서로 섞여 염분이 적은 물)에서 살 때가 있

기 때문인 듯하다. 망둑어는 숙성 후 감칠맛이 나는데, 이것은 숙성 과정 중에 많은 양의 글루타민산이 떨어져나오기 때문일 것이다.

망둑어는 꼬치에 꿰어 구워 건어물이나 다시로 사용하는 경우가 일반적이지만, 흰 살 생선으로 담백해서 튀김에도 어울린다.

튀김을 할 때는 망둑어 껍질의 고소함이 배어나오도록 약간 고온에서 튀기는 편이 좋다.

대량의 망둑어를 손에 넣었다면, 다시용 망둑어처럼 꼬치에 꿰어 구워 말린 다음 설 요리에 조림으로 사용해도 좋다. 먼저 말린 망둑어를 호지차ほうじ茶(녹차를 볶은 차)에 부드러워질 때까지 불리고, 부드러워지면 사용했던 호지차를 붓고 살이 부서지지 않도록 조심하며 은근하게 졸인다. 마지막에 간장과 물엿으로 마무리한다. 이때 중요한 점은 망둑어 외에는 '다시'로 쓰지 않는 것이다.

호지차를 사용하는 이유는 조림에 색을 냄과 함께 민물고기 특유의 냄새를 잡기 위해서다.

센다이 지방의 설 요리에서는 망둑어가 빠지지 않는다. 구워 말린 망둑어는 떡국 국물의 재료로 쓴다. 그리고 머리를 떼지 않고 한 마리를 통째로 조림을 하기도 한다.

사가현의 아리아케해에는 망둑어과인 짱뚱어가 서식한다. 귀여운 눈과 진흙 위를 뛰어다니는 모습이 인기를 끈다. 썰물 때가 되면 갯벌에 나타나 앙증맞은 모습으로 사람들의 마음을 빼앗는다. 귀여운 짱뚱어를 한 마리라도 잡으려고 이리저리 쫓아다니는 사람들의 모습이 오히려 생선에게 놀림을 당하는 것처럼 보이기도 한다.

짱뚱어의 살은 부드럽고 기름져서 맛있다. 제철은 여름이다. 다만, 내장이 써서 사람에 따라 호불호가 갈린다.

대표적인 요리는 양념구이인데, 장어 양념구이보다 담백해서 좋다. 된장국 재료로도 이용된다.

같은 망둑어과로, 크기가 작은 '밀어密魚'는 노토섬의 명산품이다. 보통 조림 가공품으로 판매되고 있다.

넙
치

"왼쪽은 넙치, 오른쪽은 가자미"라는 말은 유안측의 위치(넙치는 몸 옆의 왼쪽에 눈 두 개가 나란히 있다)에서 비롯된 표현이다. "넙치 간토, 가자미 간사이"라는 표현은 간토에서는 가자미보다 넙치를 즐겨 먹는데 반해, 간사이에서는 흰 살 생선의 회는 가자미를 빼고는 생각할 수도 없다는 것에서 유래했다. 특히 범가자미는 간사이에서 인기가 많은 흰 살 생선이다.

육질이 단단하고 담백한 맛의 흰 살 생선으로 넙치와 가자미는 막상막하다. 다만, 가자미는 종류가 많아서 모든 종류의 가자미가 같은 맛이라고 보기는 어렵다. 간토에서는 가자미보다는 넙치를 대표적인 고급 흰 살 생선으로 취급한다. 한편, 간사이에서 요리를 배운 요리사는 간토에서 요릿집을 내도 회에는 반드시 가자미를 사용한다.

넙치의 제철은 가을부터 겨울이라는 것이 상식이었다. 그래서 겨울 넙치를 '간비라메寒鮃'라고 하며 특별히 취급할 정도였다. 그러나 요즘에는 계절에 상관없이 일 년 내내 생선 가게나 슈퍼뿐 아니라, 활어 식당의 수조 바닥에 붙어 움직이지 않는(건강 여부는 알 수 없지만) 넙치도 볼 수 있다. 일본 국내의 양식 넙치는 물론이고, 한국과 대만에서도 상당량 수입되고 있기 때문이다.

구이, 횟감, 조림용으로 얼음 저장된 신선한 넙치가 한국, 중국, 뉴질랜드, 호주 등지에서 많이 수입되고 있다. 뉴질랜드나 호주는 계절이 일본과 반대여서 그곳의 겨울 넙치를 일본에서는 여름에도 맛볼 수 있다.

양식산이나 수입산 넙치가 계절 상관없이 일본 전국의 생선 가게에서 판매되는 시대인데도, 유독 일본 근해에서 잡히는 일본산 넙치만 찾는 사람도 있다. "여름 넙치는 고양이도 먹지 않는다"는 옛말은 이제 겨울에 일본 근해에서 잡히는 자연산 넙치만 기다리는 몇몇 사람에게만 해당한다. 실제로 자연산 넙치는 4~6월이 산란기이므로 여름에는 완전히 말라버려 맛이 한참 뒤떨어진다.

숙성시켜 다시마 절임에 이용

대표적인 넙치 요리에는 생식(회, 초밥, 다시마 절임), 조림, 찜, 튀김, 뫼니에르, 완자(으깨서 사용한다) 등이 있다. 회나 초밥 재료에 이용하는 생식용으로는 1킬로그램 이상의 넙치를 사용하는 편이 맛과 식감이 좋다. 1킬로그램 이하의 넙치는 '소게'라 하여 한 마리를 통째로 졸이거나 구워 먹는다.

넙치의 감칠맛 성분을 보면 근육 100그램당 엑스분 질소 함량이 약 400밀리그램으로(근육 대비 0.4퍼센트), 가자미의 300밀리그램(근육 대비 0.3퍼센트)보다 많다. 그만큼 넙치의 감칠맛이 더 강하다. 지방질 함량은 1월에 잡힌 자연산 넙치가 근육 100그램 대비 2.2그램 정도지만, 여름에 잡힌 마른 넙치는 0.8그램이다. 겨울 넙치의 지방질이 여름 넙치보다 두 배 이상 많다.

'미식가'가 넙치를 먹을 때 반드시 주문하는 것이 지느러미 부분(엔가와緣側)이다. 넙치 지느러미살의 회는 식감이 쫄깃쫄깃하고 지방도 적당해서 맛이 일품이다. 지느러미살의 지방질 함량은 자연산 겨울 넙치가 20퍼센트, 여름 넙치도 16퍼센트나 된다. 넙치는 바닷속에서 꼼짝도 안 하고 있는 것처럼 보이지만, 헤엄칠 때는 지느러미를 활발히 움직인다. 그 결과 육질이 좋아진다.

양식산 넙치에서도 이 같은 경향이 보이지만, 대개는 자연산에 비해 지방질 함량이 많다. 양식산 넙치의 근육 속 지방질 함량은 자연산에 비해 약간 많아 3.7퍼센트이고, 지느러미살은 30퍼센트나 된다. 다만, 과보호하며 양식한 탓에 기름은 많지만 육질은 단단하지 않다. 양식산 넙치는 이케지메해서 곧바로 먹는 편이 좋다. 사후경직 전의 육질은 단단하기 때문이다.

넙치와 가자미 모두 회로 먹을 때는 약간 얇게 썰고, 폰즈에 모미지오로시紅葉おろし(무에 붉은 고추를 끼워 강판에 간 것)와 잘게 썬 실파를 듬뿍 넣은 장에 찍어 먹어야 감칠맛을 더욱 잘 음미할 수 있다. 폰즈의 산미와 양념(모미지오로시와 잘게 썬 실파)이 넙치의

단맛을 부각시켜 더욱 맛있다. 고추냉이 간장에 찍어 먹으면 간장 맛에 눌려 넙치의 본래 맛을 느끼기 어렵다.

맛집으로 유명한 곳에서는 갓 잡은 넙치를 생산지에서 이케지메하여 피를 뺀 후 얼음 저장해 운송한 것을 사용한다. 이렇게 하면 운송 중에 숙성이 진행되어 감칠맛 나는 넙치가 되기 때문이다. 충분히 숙성되기까지는 반나절에서 하루가 걸린다.

최근에는 이케지메하여 아직 사후경직이 일어나기 전인 식감이 좋은 넙치가 인기 있다. 이것은 본래 어부가 배 위나 바닷가에서 먹던 방법이다. 숙성이 덜 되어 감칠맛 성분은 부족하지만, 탱탱한 식감이 좋아 간장에 찍어 먹으면 제 맛이다. 갓 잡은 넙치로 회를 떠서 간장과 고추냉이, 흰 깨를 넣고 오차즈케를 만들어 먹는 맛도 각별하다.

고급 요릿집에서는 산지에서 직송된, 숙성된 넙치를 손질해서 사용한다(등뼈를 중심으로 등 부위를 두 쪽으로 나누고, 배 부위도 두 쪽으로 나눈다). 손질한 넙치는 다시마 절임한다. 다시마의 감칠맛 성분인 글루타민산과 식초의 산미가 넙치에 서서히 스며드는 동시에, 수분도 조금씩 줄어들면서 숙성되므로 감칠맛 성분이 더욱 증가한다. 이때 빠져나오는 수분을 밑에 깐 천이나 쿠킹페이퍼, 탈수 필름으로 흡수하면 물컹해지지 않는다. 어느 정도 숙성된 넙치라면 다시마 절임의 시간과 보존 온도를 조절하여 적절히 숙성시킨다. 이 부분은 요리사의 솜씨에 달려 있다.

양식산 넙치는 사후경직이 끝나 숙성기에 들어서면 사육 중에 투여한 먹이와 사육법이 자연스럽지 않아 먹이 냄새가 나고 식감이 좋지 않다. 양식산 넙치를 맛있게 먹으려면 이케지메해서 회를 떠 활어의 식감을 즐길 수밖에 없다.

지느러미살(엔가와)은 살이 적당히 올라 있고, 맛과 식감도 좋다고 앞에서 이야기했지만, 뜨거운 물에 데친 엔가와를 국에 넣어 조금은 사치스럽게 즐겨보는 것도 나쁘지 않다.

엔가와는 조림을 해도 맛있다. 지느러미의 가시와 가시 사이에 있는 단단한 살을 살살 발라 먹으려면 시간은 걸리지만 그 맛은 일품이다. 넙치 조림을 다 먹고 나서 뜨거운 물을 부어 아직 뼈에 붙어 있는 살을 깨끗이 발라 먹는다. 살을 다 발라 먹은 후에 국물을 떠서 맛 보면 뼈에서 우러난 국물이 진국이다.

맛있어야 할 넙치와 관련해서는 의외로 나쁜 의미의 속담이 많다.

"부모를 노려보면 넙치가 된다"는 말이 있다. 부모를 노려보면 넙치 같은 눈이 된다는 뜻으로, 아이들에게 예의범절을 가르치는 속담이다. 비슷한 속담으로 "밥 먹자마자 바로 누우면 소가 된다"가 있다.

"임산부에게는 넙치를 먹이지 말라"는 말도 있다. 넙치를 며느리에게 먹이면 태어나는 아이의 입이 넙치처럼 된다는 뜻이다. 동시에 며느리에게 맛있는 넙치를 먹이고 싶지 않은 시어머니의 마음을 나타내는 말이기도 하다. 이러한 시어머니의 마음은 "가을 고등어는 며느리에게 주지 마라"는 속담과도 일맥상통한다.

지금은 넙치를 '鮃'으로 쓰지만 에도 시대에는 '平目'으로 표기했다. 이는 당시 아이즈히가시야마會津東山 온천에서 일하던 '여종업원' 이야기에서 유래한다. 한쪽 눈만 보이는 여자만 종업원이 되도록 허용되었던 듯, 그런 여성을 넙치에 비유하여 '히라메平目'라고 했다고 한다. '鮃'라는 한자는 몸이 납작한 물고기라는 뜻에서 붙여졌다고 한다.

복
어

복어의 제철은 '가을의 히간부터 봄의 히간까지'라고 한다. 산란기가 3~5월이므로 산란을 마치고 영양을 취하여 체력과 살집이 회복되기 시작하는 것이 10월경으로 알려져 있다. 실제로는 12월부터 이듬해 2월의 추운 계절에 잡히는 복어가 맛있다. 특히 산란 전인 2월경에 복어의 맛과 식감과 이리의 맛은 다른 생선에서는 맛보기 어려울 정도로 일품이다.

"유채꽃 필 무렵의 복어는 먹지 말라"고도 한다. 산란기인 봄에 복어의 독성이 가장 강해지기 때문이다.

복어의 독은 대개 살 외의 간, 알집, 위, 장, 피, 눈 등에도 있다. 이 부분에 독이 없는 복어도 있지만, 일본 근해에서 잡히는 복어는 거의 독이 있다고 보는 편이 맞다. 잘못 요리해서 간이나 알집의 독이 살에 묻은 것을 먹으면 즉시 죽음에 이른다. 그래서 복어 조리사 면허를 갖춘 전문가가 있다. 그리고 그런 전문가가 요리하는 복어 전문점을 이용하는 것이 원칙이다. 복어 중독은 대부분 아마추어 요리사에 의해 일어나기 때문이다.

복어의 절묘한 맛은 옛날부터 유명했지만, 독소를 알지 못해 목숨을 잃은 사람도 많았다. "복어는 먹고 싶지만 목숨은 아깝다"는 말이 있을 만큼 복어는 특별한 매력을 지닌 생선으로 여겨졌다.

일본 근해에는 40종 정도의 복어가 있다. 검복, 졸복, 흰점복, 까칠복, 자주복 등이 식용으로 이용되며, 자주복은 최고급으로 가격도 비싸다. 싼 복어를 먹었다면 틀림없이 자주복이 아닌 다른 복어였을 것이다.

복어의 독은 테트로도톡신이라는 화학물질이어서 열을 가해도 독성이 사라지지 않는다. 우리가 최고의 맛으로 평가하는 자주복도 간과 알집, 장에 독이 있다. 복어의 독은 청산가리의 10~1000배라고 한다. 자주복 한 마리의 장에 있는 독은 10명의 목숨을 앗아갈 수 있다고 한다. 복어를 먹은 뒤 20분에서 4시간 이내에 최초의 중독 증상이 나타난다. 입과 손끝의 마비로 시작해서 마침내 의식을 잃고 죽음에 이른다. 중독 증상을 일으키고도 깨닫지 못하면 곧바로 목숨을 잃는 것이다.

복어의 독은 계절에 따라 강도가 다르다. 개체에 따라 독소를 갖고 있는 복어도 있고, 그렇지 않은 복어도 있다. 겉모양으로는 독이 있는지 없는지 판별하기 어려우므로, 복어의 장이나 눈은 그저 먹지 않는 수밖에 없다.

시장에는 양식에 성공한 복어가 판매되고 있다. 이 양식 복어에는 독이 없다. 양식산 복어에는 독이 없는데 왜 자연산 복어에는 독이 있는지 궁금하지 않을 수 없다. 그 답은 아무래도 부화 후의 먹이인 동물성 플랑크톤에 있는 듯하다. 치어 시절에 먹은 독이 있는 동물성 플랑크톤이 복어의 장에 독소로 저장되는 것 아닐까. 같은 치어 시기에 다른 먹이를 먹는 양식 복어에는 독이 없다.

중독을 걱정해서 복어를 먹지 않는 사람이 의외로 많다. 복어를 안 먹어본 사람이 복어를 먹고 나서 "과연 이것이 복어 맛이군. 훌륭하네"라고 만족하는 것을 볼 수 있다.

또한 복어는 값이 비싸서 지갑에 어느 정도 여유가 생기는 나이가 아니면 쉽게 먹을 수 없는 생선이기도 하다.

단맛의 원인은 글리신, 리신

복어 코스 요리는 대개 회, 탕(복지리), 뼈 튀김, 이리(정소) 소금구이, 마지막에 복어 죽이다. 탕에는 복어 살뿐 아니라 뼈, 이리, 머리 부분의 연골 등을 사용한다.

복어의 이리는 맛이 특별하다. 폭신하면서도 걸쭉한, 마치 부드러운 마시멜로 같은 식감을 느낄 수 있다. 이리를 다른 말로 '서시유西施乳'라고 한다. 중국 춘추시대에 월나라에 서시라는 절세미녀가 있었다. 월나라를 정복한 오나라의 왕은 서시의 아름다움에 빠져 스스로 나라를 멸망의 길로 빠뜨렸다. 복어의 이리는 이 서시의 가슴에 비유될 정도로 참을 수 없을 만큼 맛있다고 한다.

누구나 인정할 정도로 맛있는 복어회는 살을 얇게 저며 접시에 담아낸다. 복어의 경우, 얇게 저민 것을 '히쿠»<'라고 한다. 접시의 그림이나 색이 복어회 너머로 보일 정도로 얇게 저며서 접시에 담는다. 먹을 때에는 실파를 두세 점의 복어회 위에 올려 돌돌 말아 먹는다. 실파를 중심으로 둥글게 말린 복어회를 모미지오로시와 잘게 썬 실파를 넣은 폰즈 간장에 찍어 먹는다. 폰즈간장에 찍어 먹지 않고 복어회만 한참 씹으면 입안에 단맛이 퍼지는 것을 알 수 있다. 식감도 도미나 가자미와 달리 탄력이 있어여러 번 씹어야 하므로, 단맛과 감칠맛이 입속을 가득 채운다. 이어서 폰즈 간장을 찍어 먹으면 복어의 맛을 한층 분명히 느낄 수있다. 몇 번 씹어서는 '맛있다'고 할 수 없을 정도로, 씹으면 씹을수록 맛있다. 이것이 복어회다. 복어회를 두툼하게 썰면 탄력이너무 강해 잘 씹히지 않는다. 역시 얇게 썰어 여러 점을 입 안에넣고 천천히 씹어 먹어야 제 맛이다.

복어의 제철은 양념으로 사용하는 귤, 유자, 영귤도 수확하는 시기여서 향을 즐기며 먹을 수 있다.

자주복의 근육 100그램당 엑스분 질소 함량은 300밀리그램으로, 붉은 살 생선이나 도미, 넙치 등 흰 살 생선에 비해 적다. 하지만 씹었을 때의 맛은 다른 생선보다 훨씬 담백하고 단맛이 강하다. 왜 복어회를 요리의 왕이라고 하는지 알 수 있다. 복어는 역시 회로 먹어야 참맛을 음미할 수 있다.

복어의 단맛은 근육 중 엑스분에 함유된 아미노산과 본래부터 존재하는 유리 아미노산에 의한 것이라 할 수 있다. 보통 흰 살 생선에 함유된 유리 아미노산의 특징은 타우린이 많다는 것이다. 자주복의 근육에는 글리신과 리신이 많아 단맛이 강하다. 크레아틴이 많다는 점도 특징 중 하나다. 크레아틴은 육고기의 감칠맛과도 관계 있지만, 복어의 경우에는 깊은 맛을 낸다.

나가사키현 시마바라의 복어 요리인 '간바ガンバ 요리'는 복어 살을 얇게 저미지 않고, 조금 두툼하게 잘라 소금 간을 한 후에 뜨거운 물에 데쳐 마늘 잎, 으깬 매실을 넣은 간장에 찍어 먹는다. 소금과 매실의 짠맛이 아미노산의 감칠맛을 부각시키는데, 매실이 그 효과를 더욱 높인다. 매실을 사용하는 이유는 오랜 세월 매실을 조미료로 사용한 관습 때문이리라. 오사카의 복어 탕을 만들 때는 살을 두툼하게 썬다. 익으면 복어의 탄력과 관련 있는 콜라겐이 젤라틴으로 변해 먹기 쉬워지기 때문이다.

'일본식품표준성분표'에 따르면 복어의 지방질 함량은 0.3퍼센트이며, 1~2월의 제철에 잡은 자주복을 먹으면 약간 기름진 맛을 느낄 수 있다.

복어의 이리는 소금구이나 탕에도 어울리는 식감이다. 끈적거리면서도 폭신한 식감과 부드러운 맛은 대구의 이리(기쿠코)와는 또 다른 맛이다. 이리는 산란기 전인 1, 2월에 잡힌 복어에서 나온 것이 최고다. 그때 이리가 성숙하기 때문이다.

복어 껍질은 데쳐서 잘게 썰어 회와 함께 내는데, 껍질의 성분인 콜라겐은 부드러운 젤라틴으로 변하고, 딱딱한 엘라스틴은 그대로 남는다. 적절하게 남은 탄력도 복어를 먹는 즐거움 중 하나다.

복어는 신변의 위험을 느끼면 바닷속에서는 바닷물을 빨아들여 몸을 부풀리고, 배의 갑판이나 방파제 등 뭍으로 나오면 공기를 빨아들여 몸을 부풀린다. 그 모습이 마치 돼지를 닮아 복어를 '河豚'이라 불렀다고 한다.

복어는 뺨이나 배를 부풀릴 수 있어 신경질적인 사람이나 추녀를 복어에 빗대어 말하기도 했다. "복어는 악녀지만, 문어 맛"이라는 센류 시구도 있다.

방
어

전갱잇과 물고기지만 전갱이에서 볼 수 있는 모비늘稜鱗(전갱이의 꼬리 측선 위를 따라 발달하는 날카로운 비늘)은 없다. 등은 청록색, 배는 은백색으로, 몸 옆쪽으로 황색 세로 선이 있다.

홋카이도에서 오키나와에 이르는 일본 전역 연안에 분포한다. 남쪽의 따뜻한 바다에서 산란하며, 제철은 3~5월이다. 산란이 끝나면 난류를 타고 북상하며, 여름에는 북쪽, 겨울에는 남쪽으로 무리를 지어 이동한다. 온난성 회유어이며, 겨울에 일본 연안에서 잡히는 방어는 지방질 함량도 매우 높아 인기 있다.

방어는 출세어로 유명한 물고기다. 출세어란 성장 단계에서 이름이 바뀌는 물고기를 말한다. 옛날 무사나 장군이 출세할 때마다 호칭이 바뀌었던 것에 빗대어 붙인 명칭인 듯하다. 방어는 성장하면서 서식 장소와 먹이가 달라진다. 성어가 되면 오징어, 전갱이 등 주로 작은 먹이를 먹는다.

간토에서는 몸길이 20센티미터 정도의 방어를 '와카시'라고 하며, 성장에 따라 '이나다'(40센티미터), '와라사'(60센티미터), '부리'(방어의 일본 이름, 1미터 안팎)라 부른다. 간사이에서는 '쓰바스→하마치(50센티미터 전후)→메지로→부리'라고 부른다. 양식산 방어는 하마치 크기로 출하되므로, 양식산 부리의 대명사로 '하마치'라 부르기도 한다.

일본 전역에서 잡히는 생선이지만, 자연산 방어의 주산지는 도야마, 시마네, 니가타를 비롯해 사가미만, 이즈, 미에, 와카야마, 고치, 나가사키 등이다. 양식산 방어는 간사이, 시코쿠, 규슈에 많다. 인공 사료를 대량으로 급여하기 때문에 적조가 발생하여 산소 부족으로 큰 피해를 입은 경우도 여러 번 있었다. 양식이라고는 해도 알을 부화시켜 양식하는 것이 아니라 방어 치어를 시코쿠, 규슈 지방에서 잡아 축양 시설로 옮겨서 키우고, 2, 3년 후에 양식 하마치(45~60센티미터)로 출하한다.

"방어는 역시 겨울 방어"라는 말처럼, 겨울에 잡히는 방어가 가장 맛있다. 하마치는 여름에 많이 나오며, 자연산이든 양식산이든 이 시기가 가장 맛있고, '이나다'는 늦은 여름, 와라사는 가을부터 초봄이 맛있다. 같은 종류의 물고기라도 성장 단계에 따라 맛이 다르다는 점이 재미있다. 양식산 방어는 꼬리지느러미, 가슴지느러미에 흠집이 있고, 가슴지느러미는 짧다.

방어는 주로 정치망 어법으로 잡는다. 대표적인 것으로 도야마현 히미의 대부망大敷網(정치망의 하나로, 고기 떼를 길그물에서 바로 통그물로 유도한다)이 있다. 방어 철은 9월부터 이듬해 3월까지며, 11~12월에 가장 좋은 방어를 잡을 수 있다. 간토의 겨울 방어 어장은 사가미만이나 이즈시치섬이다. 도카이도선東海道線의 하행 열차를 타고 아타미로 향하면 오다와라를 지나쳐 조금 후에 사가미만이 보이고, 동시에 방어의 정치망도 눈에 들어온다.

자연산 방어와 양식산 방어의 차이점

겨울 방어의 맛은 정평이 나 있다. 진정한 겨울 방어라면 무엇보다 지방질이 많아야 한다. 호쿠리쿠의 겨울 방어는 노토 반도나 히미에서 잡힌 방어를 가리킨다. 간토에서 잡히는 것보다 지방이 훨씬 많고 맛도 좋다. 추운 해역에 사는 물고기는 따뜻한 해역에 사는 물고기보다 지방질 함량이 많다. 실제로 9월경에 하코다테 근해에서 잡히는 방어는 동해에서 잡히는 것만큼 맛있다.

방어의 참맛을 알려면 역시 '겨울 방어'를 먹어봐야 한다. 특히 방어회의 인기는 대단하다. 방어의 지방은 근육조직 안까지 침투해 있어 입안에서 살살 녹는 듯한 지방의 식감이 압권이다. 양식산이든 자연산이든 12월부터 이듬해 1월까지 방어의 지방질 함량은 최고치에 이른다. 자연산이 10퍼센트 전후이고, 양식산은 25~30퍼센트나 된다.

하마치의 제철은 여름인데, 이때의 지방질 함량은 자연산이 5~7퍼센트, 양식산이 8~15퍼센트다. 양식산은 지방질 함량이 지나치게 많아 맛은 자연산에 비해 떨어진다. 젊은 사람들은 하마치 회처럼 살 위에 지방이 번들번들하게 떠 있고 육질이 부드러운 것을 좋아하는 편이지만, 나이 마흔을 넘어서면 자연산을 더 선호한다.

자연산 방어의 제철은 겨울이다. 이 계절의 지방질 함량은 10퍼센트 내외지만, 이 정도의 양이어야 맛도 좋고 뒷맛도 깔끔하다. 인공사료로 정어리 분말 또는 사료용 기름을 사용하거나 지방이 많은 정어리를 통째로 투여하기 때문이다. 최근에는 기름기가 적고 살이 단단한 양식 방어를 만들기 위해 인공사료를 연구한다.

자연산과 양식산의 맛을 비교하면, 자연산 방어는 살 속의 엑스분에서 나오는 감칠맛 성분이 많다. 특히 엑스 질소, 히스티딘, 트리메틸아민옥사이드 등의 양이 많아 맛이 진하다. 이에 반해 양식산 방어의 살은 부드럽고, 감칠맛은 적다.

지방질 함량이 많은 방어도 간장을 기본으로 만든 조미액에 한동안 담갔다가 구우면 맛있다. 간장 성분의 작용으로 단백질의 글로불린이 녹아나옴과 동시에 생선 냄새가 밖으로 빠져나가고, 기름진 맛도 완화되기 때문이다.

대표적인 방어 요리 중 하나로, 머리와 뼈를 무와 함께 간장 양념에 졸이는 '아라니あら煮'가 있다. 머리와 뼈에 있는 지방질이 무로 이동하여 살은 담백해지고, 무는 방어의 지방질과 감칠맛이 배어 한층 맛있어진다. 간장 양념에 졸이기 때문에 살의 단백질이 응고하면서 살을 수축시켜 풍미가 더욱 강해진다. 이 요리는

하마치를 사용하면 비린내가 강해서 맛이 없다. 만약 하마치를 이용하고 싶다면 생강을 충분히 넣어 비린내를 잡아주어야 한다.

방어는 전갱잇과 어류지만, 고등어를 닮아 혈합육血合肉(어육 중에 흑적색을 띤 부분)이 많다. 게다가 숙성이 진행되면 히스타민이 생성되기 쉽다. 그래서 소금을 충분히 뿌려두면 지방 분해, 트리메틸아민옥사이드가 비린내 성분인 트리메틸아민으로 변화, 히스티딘으로부터 히스타민의 생성 등 효소 반응과 성분 분해를 억제할 수 있다. 이러한 소금의 기능을 활용한 방어 자반은 장기 보존이 가능하다. 간사이나 호쿠리쿠에서는 방어 자반의 소금기를 제거한 후에 떡국에 넣는 관습이 있다.

방어는 지방질 함량이 많은 생선이고, 전갱잇과 어류이므로, EPA나 DHA가 많은 편이다. 그렇다고 해서 EPA나 DHA를 지나치게 많이 섭취하면 피가 났을 때 지혈이 어려울 수 있다. 최근의 영양학 연구에서는 생선뿐 아니라 어유/식물성 기름/육고기의 지방질을 균형 있게 섭취해야 혈액 순환에도 좋고, 혈관도 튼튼해진다고 한다.

노토 지역의 어부는 방어회를 조금 두툼하게 썰어 불에 살짝 구워서 고추냉이 간장에 찍어 먹는다. 불에 구워 기생충과 세균을 없애고, 적당히 숙성시켜 먹는 지혜로운 방법이다.

방어라는 이름은 "아부라(기름의 일본어)가 많은 생선의 '아부라'에서 '아' 발음을 뺀다"는 가이바라 에키켄의 말에 따라 '부리'로 부르기 시작했다고 한다. 방어를 의미하는 한자 '鰤'에는 '늙은

물고기'라는 뜻이 있다고 한다. 그리고 '도시오후리타루사카나年
を経りたる魚(나이든 물고기라는 뜻)'에서 후리가 부리가 되었다고도
한다.

방어는 호쿠리쿠, 히다, 간사이, 주고쿠, 규슈 등지에서 떡국이
나 설 요리에 사용된다. 이른바 방어의 향토 요리다. 신슈의 방어
떡국, 후쿠오카현 치쿠젠조니와 하카타에서 모두 떡국에 방어 자
반을 사용한다.

그 밖의 향토 요리로는 노토 지방의 '가부라즈시かぶらずし'(방어
에 순무, 당근 등을 넣어 발효시킨 일종의 식혜)와 '마키부리巻鰤'(소금
에 절여 건조시킨 방어를 살균 작용이 있는 조릿대로 싸서 짚과 새끼로
감아둔 보관 방식에서 생겨난 요리) 등이 유명하다. 아키타에는 '부
리코ブリコ'라는 명물이 있는데, 이것은 방어 알이 아니라 도루묵
의 알로, 간장에 절이거나 된장국 등을 끓인다.

간토 이북에서는 "연어 자반이 없으면 설을 맞을 수 없다"고 하
지만, 간사이에서는 "방어 자반이 없으면 설을 맞을 수 없다"고
한다. 실제로 주고쿠, 시코쿠 지방에서는 설에 방어를 사용한다.
이는 간토에서 연말 선물로 연어 자반을 보내는 것과 같은 의미
라고 한다.

이 밖에도 귤이나 가보스(오이타 명물로 유자의 일종인데 산미가 강
함) 과육이나 즙을 섞은 양식용 먹이를 먹어 살에서 감귤 향이 나
는 '과일 생선'이 서일본의 회전초밥점을 중심으로 유통되고 있다.
감귤 향과 유기산이 회와 초밥의 변색을 억제할 수 있다고 한다.

임
연
수
어

술집에서 크고 살이 두툼한 말린 임연수어 구이를 술안주로 시켜 여러 사람이 나눠 먹다보면 가격에 비해 양이 푸짐해서 어쩐지 득을 본 듯한 기분이 든다. 발라 먹기 편하고, 뼈에 붙은 살은 서로 앞 다투어 먹을 만큼 맛이 일품이다. 흰 살 생선으로 기름지고, 추운 홋카이도에서 잡히는 생선답게 따뜻한 정종에 어울린다.

겨울철 홋카이도의 차가운 바다에서 잡히는 임연수어는 조림으로 먹어도 맛있지만, 뭐니 뭐니 해도 홋카이도에서 만드는 반건조 임연수어가 최고다. 홋카이도 사람들에게는 겨울에 이 반건조 임연수어를 먹는 것이 낙이라고 한다. 홋카이도 외의 지역에서는 보존 문제 때문에 반건조 임연수어보다는 바싹 말린 것을 먹지만, 그래도 맛있다.

임연수어는 초겨울부터 봄까지 홋카이도의 소야, 아바시리, 시리베시 등 추위가 매서운 지역의 바다에서 잡힌다. 어찌 된 영문인지 다른 바다에서는 잡히지 않기 때문에 이 생선은 홋카이도를 연상시킨다. 홋카이도가 고향인 사람에게는 향수를 불러일으키는 생선이라고 한다.

홋카이도 하면 많은 사람이 게, 오징어, 연어를 떠올릴 것이다. 이런 것들은 각각의 종류와 산지에 대해 특별히 따지지 않는다면 일본 근해 어느 곳에서나 볼 수 있지만, 임연수어는 홋카이도에서만 잡히는 특산품이다.

임연수어는 비교적 어획량이 많고, 으깬 어묵으로도 가공되기 때문인지 자원이 감소한 현재에도 이상하게 고급어로는 취급되지 않는다. 임연수어회, 말린 임연수어의 맛은 굉장히 뛰어나지만, 고급스러움은 덜하다. 아마도 지방질 함량이 많기 때문일 것이다.

말린 임연수어와 임연수어 자반의 특별한 맛

'일본식품표준성분표'에 따르면 임연수어의 지방질 함량은 4.4퍼센트다. 이는 1년 동안의 평균치다. 혈합육이지만, 한겨울 제철 임연수어의 지방질 함량은 20퍼센트나 된다. 단백질은 17.3퍼센트로 비교적 적은 편이다. 수분이 77.1퍼센트나 되므로 말려서 수분을 줄이는 편이 살이 단단해져 맛있다. 말릴 때 소금을 뿌리면 단백질이 그물 모양의 구조를 형성하기 때문이다.

임연수어의 지방산 중에는 다가불포화지방산이 많다. 차가운 해역에서 서식하기 때문에 다가불포화지방산이 많아야 대사가 원활해지기 때문인 것으로 보인다. 다가불포화지방산 중에서는 EPA나 DHA가 많고, 올레인산은 다른 흰 살 생선보다 적어서 지방질 함량이 적은 것에 비해서는 맛이 진하다.

앞에서도 말했듯이, 말린 임연수어란 임연수어를 반으로 갈라 소금을 살짝 뿌린 후에 5~6시간 정도 말린 것이다. 임연수어의 지방질이 말린 임연수어 특유의 맛을 낸다고 한다. 아마도 지방질이 살 전체에 침투하기 때문일 것이다. 살짝 소금을 뿌려 말리는 동안에 숙성이 진행되어 아미노산이나 이노신산의 감칠맛이 증가하는 듯하다.

임연수어의 살에는 감칠맛과 관련된 글루타민산, 리신 같은 아미노산이 많다. 그래서 천천히 오래 씹으면 약간 단맛이 느껴진다.

임연수어는 성장 단계에 따라 아오봇케(15~18센티미터), 로소쿠봇케(20센티미터), 하루봇케(35센티미터), 오오봇케(또는 네봇케, 35센티미터 이상)로 불린다. 이렇듯 여러 가지 이름으로 불리는 이유는 성장 단계에 따라 맛이 다르기 때문인 것 같다. 도시에서는 크기가 큰 하루봇케나 오오봇케 건어물이 인기 있다. 작은 로소쿠봇케는 통째로 쌀겨에 절인다. 이 쌀겨 절임은 그대로 구워 먹거나 국을 끓인다. 임연수어를 넣고 끓인 국은 홋카이도가 아니면 생각할 수 없는 요리법이다. '아오봇케'는 크기가 너무 작아 '게쓰노 아오이 홋케ケツの 青いホッケ'(꼬리가 파란 임연수어라는 뜻)라는 뜻으로 붙인 이름인 듯하다. '로소쿠봇케'는 꼬리의 가느다란

무늬가 양초(로소쿠)를 닮았다고 해서 붙은 이름이다. '하루봇케'는 봄(하루)이 되면 활발하게 움직이므로 붙여진 이름이고, '네봇케'는 어느 정도 커서 마침내 짝짓기가 가능해졌다고 해서 붙은 이름, 즉 해저의 암초에서 부부생활을 한다는 의미의 이름이라고 한다.

임연수어를 뜻하는 '鯡'라는 한자는 아름다운 청록색이었던 치어가 성장한 산란기의 수컷은 코발트색으로 변해 선명한 당초무늬가 나타나는 데에서 유래했다고 한다. "홋카이도에 있어서 홋케(임연수어의 일본어)냐?"는 개그가 유행할 정도로 홋카이도와 임연수어는 떼려야 뗄 수 없는 관계다.

임연수어 요리에는 데리야키, 조림, 건어물 구이 등이 있으며, 손질을 잘해서 피를 완전히 뺀 임연수어는 회로 먹어도 꽤 맛있다고 한다.

임연수어의 살은 탄력이 있고, 단맛이 돌기 때문에 연어나 청어의 나레즈시보다는 임연수어의 나레즈시가 더 맛있다. 나레즈시는 예로부터 젓산 발효시킨 생선의 저장식으로 만들어져왔지만, 보툴리누스균 식중독을 일으키기 쉬워서인지, 아니면 자원이 감소했기 때문인지 최근에는 좀처럼 찾아보기 어렵다.

네다섯 사람이 함께 술집에 가면 말린 임연수어 구이를 큰 걸로 주문하는 것이 좋다. 살도 푸짐해서 여러 사람이 나눠 먹기에 좋을 뿐 아니라 값도 싸기 때문이다. 그리고 먹다 보면 그중에는 반드시 살을 능숙하게 발라 먹는 사람이 한 명쯤은 있다. 임연수어 살을 바르는 역할은 그 사람에게 맡기고 나머지 사람들은 마음껏 먹고 마시면 된다. 겨울 생선답게 일본 술에 어울린다.

다랑어(참치)

참다랑어, 남방참다랑어, 눈다랑어, 황다랑어, 날개다랑어

다랑어의 종류는 매우 많지만, 크게 참다랑어, 남방참다랑어, 눈다랑어, 황다랑어, 날개다랑어 등 다섯 종류로 나눌 수 있다. 최근에는 항공기를 이용해 미국 보스턴에서 들어오는 보스턴다랑어, 동남아시아와 스페인 앞바다에서 어획된 다랑어도 나리타 공항이나 쓰키지 어시장 등에서 볼 수 있다.

남방참다랑어, 보스턴다랑어의 육질, 색, 맛은 일본 근해에서 잡히는 참다랑어의 특성과 유사하여, 참다랑어와 마찬가지로 비싸게 거래되고 있다.

다랑어의 맛은 사후경직 후의 숙성에 좌우된다. 30킬로그램이 넘는 다랑어의 경우, 빙온에서 사흘 이상의 숙성 기간이 필요하다. 냉동 다랑어는 사후경직이 시작되기 전에 동결하므로, 사후경직과 숙성을 확인할 수 없다. 이런 냉동 다랑어는 해동 중에 경직, 숙성 과정을 거친 후에 먹는다. 생선 가게에서는 딱딱하게 얼어붙은 동결 상태의 다랑어를 거래하며, 해동은 다랑어를 구입한 쪽의 실력과 감각에 달려 있다. 같은 종류의 다랑어라도 숙성 기간은 어획 시기, 어획 당시의 상태, 피 빼기, 어획에서부터 얼음 저장까지의 시간 등에 따라 다르다.

일본인이 가장 좋아하는 다랑어는 참다랑어로, 무게에 따라 부르는 이름이 다르다. 20킬로그램 이하인 것은 '마메지'(또는 메지), 20~30킬로그램은 '혼마구로' 또는 '주보'라고 부른다. 주보는 힘줄이 없어 맛있다. 단맛과 신맛이 나고, 기름기도 적당하며, 뒷맛이 산뜻하다. 늦가을부터 겨울에 걸쳐 미야기의 긴카산金華山섬 앞바다에서부터 홋카이도 바다에서 잡히는 30킬로그램 정도의 다랑어를 주보, 30킬로그램 이상의 것을 혼마구로로 구별하기도 한다.

날개다랑어는 가슴지느러미가 길어서 붙은 이름이다. 7월경부터 20킬로그램 안팎의 날개다랑어가 잡히며, 전체적으로 지방이 적고, 살도 너무 연해서 인기가 없다. 11~12월에 산리쿠나 홋카이도 앞바다에서 잡히는 30킬로그램 정도의 날개다랑어는 살이 제대로 올라 맛있고, 참치 통조림에도 사용된다. 겨울에 잡힌 날개다랑어는 참다랑어의 중뱃살 맛이 난다. 일본인보다 서양인에게 인기 있는 것 같다.

눈다랑어는 눈이 크고 또렷하다고 해서 붙은 이름이다. 4~5월에 걸쳐 규슈, 시코쿠의 정치망에 걸리는 50~60킬로그램

의 눈다랑어가 맛있다. 참다랑어가 잡히지 않는 시기에 잡히는
다랑어로, 귀한 대접을 받는다. 규슈, 시코쿠에서 잡히는 눈다랑
어의 제철은 4~5월, 조시부터 긴카산섬 앞바다에서 잡히는 눈
다랑어의 제철은 9월부터 이듬해 2월까지로, 제철이 두 번인 다
랑어다. 규슈, 시코쿠에서 잡히는 것보다 조시, 긴카산섬 앞바다
에서 잡히는 것이 살이 제대로 올라 맛있다. 기름지면서도 맛은
담백하다. 은은한 단맛을 느낄 수 있어 다랑어를 먹었다는 만족
감은 충분히 느낄 수 있다. 눈다랑어의 살은 옅은 복숭아색이다.
변색이 빨리 일어나므로 조심해서 취급하고 되도록 빨리 먹어야
한다.

황다랑어는 몸 옆쪽이 노란색으로, '기하다' 또는 '기와다'라고
한다. 살은 아름다운 홍색이고 육질은 단단하다. 간사이에서 인
기 있는 다랑어다. 제철은 초여름과 가을부터 초겨울에 걸쳐 두
번이다. 초여름에는 규슈, 시코쿠의 정치망에 40~60킬로그램의
황다랑어가 잡힌다. 지방도 적당하고 싱싱하다. 아직 참다랑어가
잡히지 않는 시기여서 여름철 황다랑어는 고가에 거래된다. 가을
부터 초겨울까지 긴카산 앞바다에서 맛있는 황다랑어가 잡힌다.
붉은 살 색이 더 진해진다. 초여름에 잡히는 황다랑어회는 맛있
지만, 선도가 빠르게 떨어지고, 체온이 상승하면서 살이 빠르게
변질하므로, 조심해서 취급해야 한다.

남방다랑어는 참다랑어와 비슷한 맛이다. 살에 탄력이 있고,
뒷맛이 달짝지근하면서도 새콤하다고 감동하는 사람도 있다. 한
번 맛보면 모두 그 맛에 중독될 만큼 맛있는 다랑어로 알려져 있

다. 인도양 등 먼 곳에서 냉동품으로 입하된다. 일 년 내내 품질
이 변하지 않는 냉동 황다랑어를 입수할 수 있다는 이유로 남방
다랑어만 사용하는 초밥집도 있다.

'일본식품표준성분표'에 따르면 참다랑어의 지방질 함량은 붉
은 살이 1.4퍼센트, 지방살(뱃살)이 27.5퍼센트다. 제철인 겨울에는
붉은 살이 10퍼센트, 지방살이 40퍼센트에 이르며, 지방살의 지방
질 함량은 고급 쇠고기에 가깝다. 지방살의 살살 녹는 듯한 부드
러운 식감은 지방질 함량이 높고 그중에 불포화지방산이 많기 때
문이다. 상온보다는 섭씨 5도 정도일 때 식감이 더 좋다. 참치회나
초밥을 먹을 때, 낮은 온도가 좋다고 하는 것은 이 때문이다.

요즘은 지방이 많은 턱살이나 뱃살이 인기 있지만, 예전에는
가벼운 맛이라고 좋아하지 않았다. 등 쪽 살이야말로 고급스러운
맛이고, 참치의 참맛을 느낄 수 있는 부분이라고 했다. 아닌 게
아니라 제철 다랑어의 등살은 지방도 딱 적당해서 다랑어의 붉
은 살 본연의 맛을 느낄 수 있다.

황다랑어는 참다랑어처럼 지방질 함
량이 높지는 않다. '일본식품표
준성분표'에 따르면 등 쪽은
0.4퍼센트다. 제철 황다랑어
의 뱃살은 20퍼센트 이상으
로, 여름철 회나 초밥에 사용
된다. 참다랑어에 비해 기름기가

적다는 점도 인기가 많은 이유다.

날개다랑어의 지방질 함량은 계절에 따라 다르다. '일본식품표준성분표'에는 0.7퍼센트로 기재되어 있지만, 계절에 따라 붉은 살의 지방질은 10.3퍼센트까지 증가한다. 겨울에 잡힌 날개다랑어의 붉은 살은 지방질 함량이 약 10퍼센트로 맛있다. 뱃살의 지방질 함량은 이보다 더 많다. 특히 중뱃살은 단맛이 나지만, 살이 너무 연한 것이 단점이다.

전쟁 전에는 등살이 뱃살보다 더 비쌌다. 지방이 많은 뱃살은 추운 지역 사람과 힘든 일을 하는 사람이나 좋아했다. 어시장에서 일하는 사람들도 지방이 많은 뱃살을 더 선호했다. 시대가 변하면서 기호도 바뀌어 요즘은 지방이 많은 부분을 좋아하는 사람이 늘어났다.

참다랑어의 뱃살은 옅은 붉은색에 하얗게 서리가 내린 것처럼 보인다. 중뱃살은 지방이 있는 흰 살과 붉은 살의 대비가 눈에 띈다. 남방다랑어의 뱃살은 분홍색 살에 흰 지방이 자잘하게 들어가 전체적으로 하얗게 보인다. 눈다랑어나 날개다랑어의 뱃살도 마찬가지지만, 중뱃살은 붉은 살과 흰 살이 확실히 구별된다. 황다랑어의 살은 전체적으로 옅은 붉은색이며, 신선도가 떨어지면 더욱 희어진다.

초밥 집에 가면 괜히 아는 척하며 뱃살을 주문하기보다는 중뱃살을 주문하는 편이 낫다. 그 편이 지방도 적당해서 맛있기 때문이다. 전쟁 전에는 뱃살을 거의 버렸다고 하지만, 힘든 일을 하는 노동자에게 뱃살은 싸고 훌륭한 영양 보급원이었다. 다랑어회

는 무 간 것과 함께 먹으면 느끼함이 완화되어 맛있다. 뱃살은 된
장국, 초된장 무침, 데리야키 등으로도 먹었다. 여분의 지방질을
빼내거나 기름기를 잡아주는 조리법도 강구되었다. 요즘처럼 지
방의 맛을 중시하기보다는 더욱 섬세한 맛을 즐겼던 것이다. 무
간 것에 고추냉이 간 것을 섞어 함께 먹는 것만으로도 대뱃살의
느끼함이 덜하다고 하니 한번 시험해보는 것은 어떨까?

붉은 살의 깊은 맛이 곧 다랑어의 감칠맛

다랑어의 붉은 살 중의 엑스분에는 감칠맛의 주성분으로 핵산
관련 물질인 이노신산, 감칠맛과 단맛을 겸하는 알라닌, 타우린,
히스티딘 등이 많다. 특히 근육 단백질의 구성과 관련이 없는 비
단백태질소nonprotein nitrogen 그룹을 많이 포함하고 있어 깊은 맛
을 느낄 수 있다.

남방다랑어는 눈다랑어나 황다랑어보다 비단백태질소가 적다.
비단백태질소의 성분인 안세린anserine은 황다랑어보다 남방다랑
어나 눈다랑어에 많다. 이처럼 붉은 살에 있는 감칠맛 성분의 종
류나 양은 다랑어의 종류에 따라 다르다. 각각의 다랑어가 특유
의 감칠맛을 갖고 있다.

인기 있는 부위인 뱃살이나 중뱃살의 감칠맛은 지방이 혀에
닿았을 때의 부드러움과 관련 있고, 엑스분의 감칠맛은 그리 중
요하지 않다. 극단적으로 말하자면 지방의 맛만 즐기는 것이다.

최근 두뇌 회전과 노화 방지에 좋다고 해서 주목받고 있는 DHA는 뱃살, 턱살처럼 지방질 함량이 높은 부분에 많다. 다랑어 뱃살 100그램 속의 DHA 함량은 2800밀리그램으로, 정어리의 세 배다. DHA는 뇌세포의 막지방질을 구성하는 지방산으로 뇌의 기능과 관련 있으며, 여러 가지 음식을 통해 지방을 섭취해도 DHA만 뇌의 모세혈관 부분에 있는 '혈액뇌관문'을 통과하여 뇌세포에 이른다고 한다. DHA가 혼합된 먹이를 실험용 쥐에게 투여하고 학습 효과를 조사하거나, DHA를 실험용 노령 쥐에게 투여하는 실험도 있다. 이러한 실험을 토대로 DHA의 학습 효과와 노화 예방 기능이 다양한 각도에서 검토되었다. 그 결과 DHA의 기능이 새롭게 알려지고 있다. 다랑어의 눈알 뒤쪽에 DHA가 많다는 말을 듣고 다랑어 눈알을 샀지만 어떻게 먹는지 몰라 냉동고에 방치하고 있는 가정도 있는 모양이다. 회사원이 귀가 도중 술집에 들러 다랑어 눈알을 안주 삼아 술을 마신다는 이야기도 들려온다.

에도 시대부터 메이지 시대 중기까지 다랑어는 하급 생선으로 취급받았다. 지금처럼 다랑어 몸값이 높아진 것은 제2차 세계대전 종전 후부터다. 앞에서 이야기한 대로 그전까지 다랑어는 가난한 사람이나 힘든 일을 하는 사람들이 먹었고, 먹고 남은 것은 고양이에게 줄 정도였다고 한다. 특히 뱃살은 찾는 이가 별로 없었는데, 전쟁이 끝난 후에 다랑어 하면 뱃살이라고 할 만큼 최고의 인기 식품이 된 이유는 무엇일까?

　전쟁이 끝나고 서양의 식생활이 일본인에게 큰 영향을 미치면서 일본인들은 점차 기름진 음식에 익숙해졌고, 마침내 다랑어 뱃살처럼 지방이 많은 것을 선호하게 된 듯하다. 한때는 미국이 비키니 환초에서 실시한 수소폭탄 실험 때문에 방사능에 오염된 다랑어가 큰 문제가 되기도 했다. 그런데 다랑어에 대한 불안감을 없애려는 모종의 계획이 있었는지 그 사건 후에는 뱃살뿐 아니라 붉은 살의 인기도 높아졌다.

　전쟁 전까지 다랑어 뱃살은 인기가 별로 없었고, 다랑어회에 대한 평판이 좋아진 후에도 주로 붉은 살을 찾았다. 초밥에 사용되던 것도 간장 절임인 '즈케ヅケ'였다. 전쟁 전이나 지금이나 초밥에는 뱃살보다는 제철 참다랑어의 붉은 살이 더 감칠맛 나는 것 같다. 미식가들은 대개 다랑어 뱃살을 좋아하지 않는다. 앞에서도 말한 것처럼 지방 맛이 강해서 붉은 살의 감칠맛을 느끼기 힘들기 때문이다.

　다랑어회는 도쿄의 대표적인 요리로 알려져 있지만, 수송이나 저장 기술이 발달한 요즘은 일본 어디에서나 다랑어회를 맛볼 수 있다. 흰 살 생선만 회로 먹던 간사이에서조차 다랑어회를 볼 수 있다.

　저장 설비가 형편없었던 시절에도 간장의 발명과 함께 다랑어회나 초밥을 즐겨 먹던 이들이 있었던 듯하다. 사가미만 앞바다에서 잡힌 30~40킬로그램의 다랑어가 니혼바시의 어시장에 도착하려면 사나흘이 걸렸고, 이때쯤이면 사후경직과 숙성이 끝나

다랑어는 제 맛을 냈다. 에도 시대부터 다랑어를 먹게 된 데에는 간장의 발달과 숙성 시기와 깊은 관계가 있다.

오늘날에는 돈만 있으면 다랑어를 자유롭게 먹을 수 있다. 배의 설비가 좋아지기도 했지만, 제2차 세계대전이 끝난 뒤 인도양, 대서양, 남태평양으로 다랑어잡이를 나갈 수 있게 되었기 때문이다. 이는 일본인의 다랑어 사랑이 한층 깊어지는 계기가 되었다.

회나 초밥으로 요리되기 위해 지구상에 나타난 것이 아닐까하는 생각이 들 정도로 다랑어는 회나 초밥으로 먹으면 맛이 일품이다. 다랑어는 결합조직이 적고, 육질이 부드러워서 날이 잘 드는 칼로 썬 단면이 매끄러운 다랑어회는 혀에 달라붙는 듯한 식감에 지방이 살살 녹는 듯 부드럽다. 다랑어는 구우면 살이 너무 질겨지기 때문에 구이로는 잘 먹지 않는다. 익혀 먹는다면 미디엄 레어 정도로 굽거나 샤브샤브로 뜨거운 물에 살짝 데치는 정도가 좋다. 열을 가했을 때, 다랑어의 살이 질겨지는 이유는 힘줄 형질의 단백질이 많기 때문이다.

젊은 사람, 특히 여성이 좋아하는 '네기토로ネギトロ'는 힘줄이 많은 부분에 붙어 있는 살, 턱 부분의 살을 발라 곱게 다진 후에 다진 파를 넣은 것이다. 지방이 많은 살이 인기의 비결이다.

다랑어 머리를 구워 먹으면 남다른 사치를 누릴 수 있다. 배 위에서나 가정에서 구멍을 뚫은 드럼통을 숯불 위에 올려 굴뚝처럼 만든다. 그 안에서 서너 시간 동안 천천히 구운 머리 살은 먹기 아까울 정도로 맛있다. 그리고 다 구워지면 꺼내서 머리 살을 젓가락으로 뒤적이면서 먹는다.

축양(수산물을 일정 기간 동안 시설에 보관 관리하는 것) 다랑어가 지중해나 호주 해역에서 일본으로 수입되고 있다. 긴키대학의 완전 양식에 의해 사육된 '긴다이近大 다랑어'(참다랑어의 알을 인공 부화시켜 성체로 키워내는 완전 양식으로 2002년에 성공함)도 시판되고 있다. 지방질 함량이 높은 이런 다랑어들에 대한 소비자의 반응은 가지각색이다. 요즘에는 다양한 사료 연구와 양식 기술의 향상으로, 뱃살을 먹어봐도 자연산, 축양산, 양식산을 구별하기 어렵다.

빙
어

얼음 위에서 먹는 튀김이 최고

호수가 얼음으로 덮이기 시작하면 빙어 낚시를 할 생각에 가슴
이 설레는 이들이 많을 것이다. 춥지만 얼음 위에 웅크리고 앉아
호수의 얼음판에 구멍을 뚫고 빙어를 낚는다. 금방이라도 사고가
일어날 것처럼 위험해 보이지만, 낚시꾼에게는 매서운 추위나 위
험한 얼음 위라는 사실은 전혀 문제가 되지 않는다. 그저 머릿속
에는 빙어를 낚아 얼음 위에서 튀겨 먹어야겠다는 생각뿐이다.
집으로 돌아가서 잡은 빙어를 온가족에게 자랑하는 것 또한 빙
어 낚시의 즐거움이다.

빙어는 사후경직이 시작될 때까지의 시간이 짧고, 사후경직 시
간, 숙성 시간도 짧아서 잡은 후에 얼음 위에 그대로 두어 '자연
사→사후경직→숙성→튀김'의 과정을 거치는 것이 맛있게 먹는

방법이다.

　빙어의 산지로는 빙어 조림으로 유명한 이바라키현의 가스미가우라(일본 제2의 호수), 후지산 기슭의 야마나카 호수, 가와구치 호수, 나가노현의 스와 호수 등이 유명하다. 본래 빙어는 연어나 은어처럼 소하성 어류(해양 생활을 하다가 산란기가 되면 강을 거슬러 올라가 산란을 하는 어류)로, 연안에서 서식하는 습성이 있다. 그리고 1~3월경까지 강을 거슬러 올라가 산란한다. 치어는 본래 강을 내려가 성어가 되는 것이 맞지만, '육봉형'이 강하여 가스미가우라 부근에 머문다. 야마나카 호수, 가와구치 호수, 스와 호수에 서식하는 빙어는 가스미가우라에서부터 이식되어 번식, 담수화한 것이다.

　가스미가우라의 빙어잡이는 크게 감소했다. 쓰치우라 역에서 파는 빙어 조림의 대부분은 과거 가스미가우라의 명산물인 해산물 조림의 명맥이 끊기지 않도록 조금씩 잡은 빙어나 한국에서 수입된 빙어로 만들어진 것이다.

　가스미가우라의 빙어잡이를 볼 수 없게 된 것은 빙어 수가 줄었기 때문인데, 여기에는 두 가지 이유가 있다. 하나는 블루길이나 큰입배스 같은 육식성 외래 어종이 일부 몰지각한 사람들에 의해 가스미가우라

에 방류되어 빙어의 치어를 잡아먹는 바람에 빙어 개체수가 감소한 탓이다. 이 육식성 어류는 민물새우와 작은 물고기까지 닥치는 대로 잡아먹어 이것들을 이용한 해산물 조림도 매장 진열대에서 자취를 감춰버리고 말았다. 전에는 겨울이 되면 '간비키寒引き'라는 이름의 돛을 단 빙어잡이 배가 겨울의 풍물로 TV 뉴스에 소개되기도 했었다.

또 하나의 이유는 인간의 무분별한 행동이 부른 가스미가우라의 오염 때문이다. 가정용 세제의 과다 사용과 잉어 양식을 위해 투여한 먹이의 침전이 원인이다. 특히 잉어 양식장 근처에 가면 호수 바닥의 썩은 냄새에 코를 움켜쥘 정도다. 가스미가우라는 호수로서의 생명과 기능이 죽어가고 있다고 할 수 있다.

풍부한 EPA와 DHA

빙어의 제철은 겨울부터 봄이다. 산란기는 1~4월이므로, 산란 전 몸 안에 충분한 영양을 비축한다. 산란하면서 그때까지 모아둔 모든 에너지를 사용하기 때문에 산란이 끝나면 몸은 바짝 마르고 일년어로서의 생명이 다한다. 더러 3년이나 사는 빙어도 있다고 한다.

'일본식품표준성분표'에 따르면, 성장을 마친 빙어의 지방질 함량은 17퍼센트다. 그러므로 조림으로 요리하기 전에 꼬치구이로 먹으면 맛이 담백하다. 튀김 요리에 어울리는 이유는 기름 맛이 더해지기 때문이다.

담백한 맛으로는 빙어를 따라올 생선이 없을 정도다. 작아서 튀김이나 초절임 등 기름을 사용하거나 독특하게 양념한 요리가 많다. 제철인 겨울에는 꼬치에 꿴 빙어가 익어가는 것을 기다리면서 난로 앞에 둘러앉아 일본 술을 홀짝거리기에 어울리는 생선이라는 생각도 든다.

빙어는 담수어인데도 불구하고 지방질을 구성하는 지방산에다가 불포화지방산이 많다. 그중에서도 EPA나 DHA가 차지하는 비율이 높다. 민물고기이면서 DHA가 차지하는 비율이 올레인산보다 많다는 점도 특이하다.

'일본식품표준성분표'에 따르면 빙어의 단백질은 14.4퍼센트로, 다른 물고기보다 적다. 구성 아미노산 중에서도 눈에 띄게 많거나 적은 것이 없다. 감칠맛도 흰 살 생선과 비슷하지만, 지방질 함량이 적은 만큼 맛은 담백하다.

가스미가우라의 꼬치구이보다 맛있게 먹는 방법은 집안의 화롯불에 빙어를 두세 마리씩 꼬치에 꿰어 구워가면서 먹는 것이다. 아무리 먹어도 질리지 않을 정도로 맛이 일품이다. 구운 빙어를 간장에 찍어 먹으면 빙어의 담백한 감칠맛이 한층 부각된다. 국, 조림, 회로 먹어도 되지만, 역시 조금이라도 기름을 사용하는 요리가 좋다.

빙어 튀김은 고급스러운 맛을 내지만, 튀김옷이 두꺼운 시판 냉동 빙어 튀김은 빈 말로도 맛있다고 하기 어렵다. 튀김옷이 두

꺼운 탓에 기름을 너무 많이 흡수해서 기름 맛이 강해지기 때문이다. 더군다나 튀김용 빙어는 대부분 외국에서 수입된 것이다.

빙어 다시마 말이, 깨를 넣고 졸인 '리큐니利久煮' 같은 특산품도 있다.

동일본대지진이 초래한 후쿠시마 제1원자력발전소 사고 때 유출된 방사성 물질 때문에 주젠지 호수의 빙어도 오염되었다. 그후 2013년 가을에 빙어 낚시가 해금되었다.

빙어는 일본어로 '와카사기ワカサギ'라고 하는데, '와카'는 희고 약하다는 뜻, '사기'는 '희고 청초하다'는 뜻의 옛말이라고 한다. 빙어를 뜻하는 한자는 '鰙'와 '公魚'다. 이바라키현의 기타우라 호수와 가스미가우라 호수가 아직 바다였던 시절, 당시 도쿠가와 11대 장군인 이에나리에게 가스미가우라의 특산품인 빙어를 진상하면서 공공 의식에 사용되는 생선이라는 의미로 '공어公魚'라는 말을 사용했다고 한다.

신
종
생
선

일본 해역 밖에서

일본인을 두고 '어식민족魚食民族'이라고 하는 이유는 일본인들이 생선을 많이 먹기도 하고, 먹는 생선의 종류도 많기 때문이다.

200해리 어업 규제와 일본 연안의 오염 등으로 일본산 생선 수가 감소했다. 그후 해양수산자원개발센터가 설립되었고, 어업의 건전한 발전과 동물 단백 식품으로서 수산물의 공급을 안정화하기 위해 신어장 개발을 조사하면서, 심해어와 연해어가 일본인의 식탁에 올랐다.

이렇게 일본 해역 밖에서 들어오는 새로운 생선을 '신종 생선'이라고 부른다.

최초의 신종 생선으로 일본에 들어온 것은 남방다랑어(별명 인도참치)다. 일본인은 예로부터 참다랑어(혼마구로)를 다랑어의 참맛으로 인정해왔지만, 지금은 남방다랑어의 팬도 많아졌다.

1955년경 들어온 가자미류, 은대구, 장문볼락 등도 지금은 아무런 거부감 없이 받아들여지고 있다.

일본 근해에 서식하던 명태는 다라코나 냉동 으깬 어묵의 재료로 사용되었지만, 남획 때문에 일본 근해의 자원이 사라졌다. 그래서 북양에서 잡게 되었는데, 이것 역시 신종 생선에 속한다.

신종 생선으로 알려진 대표적인 어종을 살펴보자.

신종 흰 살 생선

신종 흰 살 생선으로는 메를루사(대구류), 호키, 남방청대구, 붉은대구, 민태류 등을 들 수 있다.

• 메를루사

대구와 비슷하지만 메를루사과科 생선이다. 거의 냉동 상태로 판매된다.

대구보다 감칠맛은 떨어진다. 지방질 함량은 6퍼센트로 매우 적고, 수분은 약 80퍼센트로 많은 편이어서 맛이 심심하다. 해동할 때 살이 푸석해지기 쉬운 것이 단점이다. 주로 튀김, 뫼니에르로 조리해서 먹는다.

• 케이프 헤이크

남아프리카 해역에 분포한다. 흰 살 생선으로 육질은 담백하다. 튀김, 구이로 먹는다. 냉동 필레로 일본에 수입된다.

•

• 은민대구

뉴질랜드 남해에 분포한다. 손질 후 냉동 상태로 일본에 들어온다. 흰 살 생선으로, 튀김, 뫼니에르에 적합하다.

• 실버 헤이크

미국, 캐나다의 대서양 연안에 분포한다. 껍질을 벗겨 손질해서 들어온다. 수분 80퍼센트, 지방질 3퍼센트로, 튀김에 적합하다.

• 호키

뉴질랜드 해역에 분포한다. 메를루사과 흰 살 생선으로 살이 단단하다. 찜, 튀김 등에 적합하다.

• 남방청대구

대구과 생선이며 뉴질랜드 수역에 분포한다. 피시버거 등 패스트푸드 재료로 많이 쓰인다. 알집은 명란 대용으로 사용된다.

• 붉은 대구

흰 살 생선으로 담백한 맛. 버터구이, 튀김에 적합하다.

· 민태류

생선 완자에 사용된다. 주로 북태평양의 '무네다라'가 일본에 입하된다.

· 전갱이

유럽 전갱이, 케이프전갱이, 뉴질랜드전갱이, 칠레전갱이 등이 있다. 이름에서도 알 수 있듯이 네덜란드, 남아프리카, 뉴질랜드, 칠레에서 입하된다. 손질된 상태로 수입되며, 주로 건어물의 재료가 된다.

이 전갱이류들은 수분이 약 73퍼센트, 단백질은 약 22퍼센트(일본산 전갱이보다 높다), 지방질은 약 4퍼센트다(일본산 제철 전갱이의 10퍼센트보다 낮다).

· 은대구

쥐노래미나 임연수어를 닮았지만 은대구과 생선이다. 베링해나 캘리포니아만에 분포하며, 흰 살 생선이지만 지방질 함량은 높아 10~20퍼센트나 된다. 살은 부드럽고, 열을 가하면 쉽게 부서진다. 탕, 구이, 조림, 국, 튀김 등에 적합하다.

· 장문볼락

베링해, 알래스카만에 서식한다. 몸길이 30센티미터 정도의 흰 살 생선이며 소박한 맛이다. 조림 등에 이용한다.

- **빛금눈돔**

대만, 필리핀 연안, 멕시코만에 서식하며, 일본 근해에 서식하는 빛금눈돔과는 다르다. 흰 살 생선으로 부드럽다. 조림, 튀김, 탕 요리에 많이 쓰인다.

- **기시마다이**

남아프리카 연안에 분포하는, 20센티미터 정도의 흰 살 생선이다. 구이, 탕에 쓰인다.

- **연어병치류**

뉴질랜드 주변의 수역에 분포한다. 난쿄쿠메다이, 오키메다이, 실버가 있다.

그 밖에 외양성 생선에는 가스토로(다랑어와 유사), 꼬치삼치(다랑어 종류), 새다래(새다래속)가 있고, 손질하여 밑반찬용(된장 절임, 술지게미 절임 등)으로 사용되고 있다.

대부분 심해어나 저어

앞에서 소개한 신종 생선 중에는 흰 살 생선이 많다. 그 이유는 대부분이 심해어나 저어底魚이기 때문이다.

메를루사는 수심 40~900미터에 분포하고, 은대구도 해저에 서식한다. 이런 물고기들은 주로 트롤어법으로 어획된다. 체장메기는 수심 45~450미터, 샛돔도 수심 70~150미터에 서식하며 트롤어법으로 어획한다.

트롤어법으로 잡은 흰 살 생선은 조림, 튀김, 된장 절임, 버터구이 등에 적합하다. 조림, 튀김 등의 반찬이나 된장 절임, 술지게미 절임으로 슈퍼마켓의 생선 코너에서 싸게 판매되는 경우가 많다. '흰 살 생선' 요리라는 명칭으로 팔리는 경우가 대부분으로, 생선의 이름은 표시되어 있지 않다.

장어류(유럽 장어), 열빙어류Capelin, 빙어류(바다빙어)도 수입되고 있다. 요리법은 일본인이 평소 먹는 방법이다. 호주에서 수입되는 남호주학꽁치는 일본의 학꽁치처럼 회, 탕, 튀김 요리에 적합하다. 뉴질랜드나 케이프타운 부근에서 잡히는 전갱이류는 건어물로 가공되며, 지방도 적당하여 맛있다.

이들 신종 생선 중에서 흰 살 생선은 수분이 많은 것이 특징으로. 대부분 80퍼센트 이상이다. 다만, 해저에 서식하는 대구보다는 적다. 수분을 줄여 살을 단단하게 만들려면 술지게미 절임, 된장 절임, 간장 절임 등 소금이 들어 있는 조미료의 삼투압을 이용하여 가공하는 것이 좋다. 이렇게 가공된 것들은 수입된 신종 생선이라는 사실을 알아채지 못할 정도로 맛있지만, 은대구만큼은 예외다. 은대구는 지방질 함량이 약 20퍼센트, 수분 함량이 약 68퍼센트로, 지방이 많은 생선이다. 미국에서는 훈제로 먹지만, 일본에서는 조림, 구이, 탕, 술지게미 절임 등으로 먹는다. 은대구는 지방이 많아 옛날 사람들은 아마도 먹지 않았을 것이다. 그런 은대구를 현대인들이 즐겨 먹는다는 사실은 오랜 시간이 지나면

서 입맛이 변해 지방이 많은 식품
을 선호하게 되었음을 보여주는
것 아닐까?

현재 일본 내에 유통되는 신종
생선은 500~600종에 이른다.
일본 근해에서 잡혀 실제로 요
리에 이용되고 있는 어패류는
'일본식품표준성분표' 등을 참고하면
300~400종 정도다. 얼마나 많
은 신종 생선이 수입되어 알게
모르게 일본인의 식탁에 오르고
있는지를 안다면 일본의 수산자원
이 부족하다는 사실을 절감할
것이다.

최근 발견된 신종 생선은 서양
요리나 중화요리에 적합한 것이 많고, 어획
법, 저장법, 수송법이 발달하면서 날로 먹을 수 있는 생선도 수입
되고 있다.

신종 생선으로 불리는 생선도 이제는 일본의 식생활에서 빼놓
을 수 없는 부분을 담당하고 있다. 패밀리 레스토랑이나 시판 도
시락의 흰 살 생선 튀김, 된장 절임, 술지게미 절임에서 빼놓을 수
없는 재료가 되었다. 최근에는 아마존강에 서식하는 생선까지 볼
수 있다.

제 2 부
조개류

아
오
야
기

아오야기ぁぉゃぎ는 껍데기를 벗긴 명주조개의 살을 말한다.

명주조개의 모양은 거의 삼각형으로 대합과 비슷하고, 껍데기
는 매우 얇다. 식용 명주조개 중 큰 것은 껍데기의 길이 8센티미
터, 높이 6센티미터, 너비 4센티미터 정도다. 조갯살은 도끼 모양
이고 엷은 주홍색이다. 특히 불그스름한 다리(혀라고도 한다)가 예
쁘다.

껍데기를 벗긴 명주조개의 살을 아오야기라고 부르는 이유는
옛날 지바현 아오야기무라青柳村(현재의 이치하라시 아오야기)에서
이 조개가 많이 잡혔기 때문이라고 한다.

명주조개의 관자를 '고바시라小柱'라고 한다. 맛이 좋고, 키조개
등의 관자에 비해 작아서 붙여진 이름이다.

명주조개의 산란기는 5~7월이고, 제철은 겨울로, 한겨울에서
초봄에 걸쳐 채취된다.

껍데기째 시장에 나오는 경우는 없으며, 껍데기를 벗겨 조갯살과 관자로 분리해 시판한다.

풍부한 지용성 비타민과 카로틴

명주조개의 성분은 대합과 유사하지만 식감에 차이가 있다. 단백질 함량은 약 11퍼센트로, 대합(6퍼센트)보다 약간 많다. 지방질은 양쪽 모두 0.5퍼센트다. 카로티노이드계의 주홍색 살에는 지용성 비타민 50아이유, 카로틴 5마이크로그램이 있다. 조개류 치고는 많다.

단백질의 아미노산 조성은 대합과 매우 흡사하다. 감칠맛은 거의 아미노산류와 관련 있다고 할 수 있다. 다만, 글리신은 가리비보다 적어서 가리비만큼 단맛이 강하지는 않다. 대합에 비해 깊은 맛이 약간 부족하게 느껴지는 이유는 호박산이 적기 때문일 것이다.

사람들이 살보다 관자를 더 좋아하는 이유는 식감이 더 좋고, 단맛도 약간 강하게 느껴져서일 것이다.

아오야기는 맛이 약간 독특해서 초무침, 초된장무침, 초밥 등 신맛을 가미한 생식에 적합하다. 그 밖에 말린 명주조개를 꼬치에 꿰어 미림 간장을 발라 구워도 좋고, 구운 후에 간장을 발라 먹어도 좋다.

사쿠라가이櫻貝라는 진미는 조갯살을 그대로 건조한 것으로,

수분이 줄어든 만큼 엑스분의 양이 많아져 날로 먹는 것보다 단맛이 강하다.

고바시라(관자)는 조갯살보다 인기 있다. 명주조개에는 두 개의 관자가 있는데, 앞쪽의 작은 것을 고보시小星, 뒤쪽의 큰 것을 오호시大星라 한다. 고바시라를 이용한 다양한 요리가 있으며, 굵고 신선한 관자는 회, 초밥, 초무침, 초된장무침, 고추냉이장무침 등 날 것으로 먹으면 좋다. 크기가 작은 관자는 튀김, 샐러드, 조림 등에 어울린다. 열을 가하면 살이 수축해 단단해진다. 샐러드에 넣을 때는 뜨거운 물에 데쳐 사용하는 것이 좋다. 고바시라는 조갯살보다 다양한 요리에 응용할 수 있기 때문에 일반적으로 '부모보다 낫다'는 뜻의 '오야마사리親まさり'라고도 부른다.

명주조개를 '破家蛤'이라는 한자로 표기하던 적이 있었다. 명주조개의 집인 껍데기가 굉장히 얇아서 쉽게 갈라지기 때문에 붙여진 이름이다.

또한 명주조개는 조수의 상태나 환경 변화에 민감하여 서식지를 자주 옮겨 다닌다. 서식지를 잘 바꾼다고 해서 '바가에가이場替貝'라고 불리다가 나중에 바가가이馬鹿貝(명주조개의 일본 이름으로, 바보처럼 혀를 내밀고 있는 모양이라고 해서 붙은 이름이다)가 되었다고 한다.

바보라는 뜻을 이용한 재미있는 센류가 있다.

우라야스와 와세다는 바가로 창고를 세웠다
浦安と早稲田は馬鹿で蔵を建て

양하(생강과 풀)를 먹으면 바보가 된다는 속설이 있다. 우라야스는 명주조개의 산지이고, 와세다는 양하의 산지였다. 양쪽 모두 '바보를 팔아 창고를 지었다'는 뜻의 재미있는 센류다.

바
지
락

달걀 모양의 타원형으로, 껍데기 길이가 5센티미터 정도이고, 껍데기가 두 장인 이매패류다. 환경이 좋은 곳에 서식하는 바지락은 껍데기가 얇고 무늬도 예쁘다. 나쁜 환경(육지에 가까운 더러운 모래진흙)에 서식하는 바지락은 껍데기가 두껍고 거무스름하다.

자웅이체로, 산란기는 3~9월이다. 도쿄만에 서식하는 바지락의 산란기는 4~5월과 10월경으로 두 번이다.

제철은 초봄이며, 이른 봄에 채취한 미역이나 실파를 넣은 초된장무침은 봄 바다의 향이 은은하게 느껴지는 상큼한 맛이다. 계절을 느낄 수 있는 요리다.

바지락은 일본 각지의 연안에서 볼 수 있다. 연안이나 육지에 가까운 만에 서식하는 바지락은 그냥 바지락(아사리浅蜊)이라 하며, 외해에 서식하는 바지락은 '히메아사리姫浅蜊'라고 한다. 양쪽 모두 종류는 같다. 깨끗한 환경에 서식하는 아사리는 수관 끝에 수염이 적어서 히메아사리로 부른다. 육지에서 가까운 만의 더러운 환경에서 서식하는 바지락은 수관에 수염이 있다. 깨끗한 외해에서 서식하는 바지락이 바다의 향도 느낄 수 있고 맛있지만, 둘 다 겨울에는 살이 말라 맛이 없다.

감칠맛을 내는 성분은 조갯살 속의 호박산

바지락은 요리하기 전에 해감을 해야 한다. 특히 갯벌에서 직접 캐온 바지락은 충분히 해감하지 않으면 모처럼의 고생이 헛될 수 있다.

요리에 앞서 바닷물과 같은 농도(3퍼센트)의 소금물에 한두 시간 담가 해감한다. 수돗물을 사용할 경우에는 햇볕에 쬐어 염소를 없앤 후에 사용하는 게 낫다. 정제염보다 천일염을 사용하는 편이 바닷물에 가깝기 때문에 해감 효과가 좋다.

해감한 바지락도 팔지만, 가정에서 한 번 더 해감하면 더 안심하고 먹을 수 있다. '바지락과 칼'이라는 옛말처럼, 해감할 때는 바지락 안에 칼을 넣어두면 조개가 모래를 토해낸다는 미신이 있었다. 지금도 소금물 속에 못을 넣는 사람이 있지만, 효과는 없다.

바지락은 일반적으로 된장국이나 맑은 장국에 넣어 국물에 우러난 엑스분의 맛을 즐긴다. 버터구이, 찜 등 술안주 요리도 있다. 스튜, 스파게티, 볶음에 넣어도 맛있다. 바지락 조림은 옛날부터 즐겨 먹는 음식이었다.

바지락의 감칠맛은 조갯살(다리)의 엑스분과 껍데기 속의 체액에서 나온다. 바지락의 엑스 질소량은 약 450밀리그램(식용 부분 100그램당)이다. 이 양은 대합보다는 조금 많고, 전복보다는 적다. 글리신은 460밀리그램으로 대합(300밀리그램)의 1.5배다. 천천히 오래 씹으면 단맛을 느낄 수 있다. 감칠맛을 맛보려면 껍데기째 살짝 데친 후에 살을 발라 먹는 것이 좋다.

바지락에는 핵산 관련 물질이 적어서 맛 자체는 시원하다. 조개류의 감칠맛을 결정하는 것은 호박산이다. 바지락에는 가리비의 관자보다는 적지만, 전복, 굴, 소라의 5~10배에 이르는 호박산이 함유되어 있어 맛있다.

조개류는 신선도가 떨어지면 식중독을 일으킬 수 있다. 특히 바지락의 제철은 봄인데, 조개잡이 행사는 초여름에 많아서 조개 속 세균이 번식하기 좋은 조건이다. 해감이 끝나면 소금물에서 꺼내 냉장고에 보관해야 한다. 계속 소금물에 담가두면 산소 결핍을 일으켜 죽기 때문이다. 예전에 하마나 호수에서 채취한 봄철 바지락을 먹고 식중독을 일으킨 적이 있었다.

요즘에는 바지락의 감칠맛이 떨어진 것 같다. 된장국에 넣어도 예전처럼 시원한 국물 맛을 느낄 수 없는데, 바지락의 서식 환경이 나빠졌기 때문일까?

전
복

전복은 전복과의 대형 고둥을 총칭한다. 껍데기는 편평하며 둥근 귀 모양이다. 왼쪽으로 나선을 그리며 감겨 있고, 표면은 우둘투둘하다.

자웅이체로, 수컷의 생식소는 담황색이나 백색, 암컷은 심록색 또는 녹갈색이다. 보통 전복이라 하면 까막전복을 말하며 어획량도 가장 많다.

전복의 식용부는 다리지만, 간이나 생식소도 먹을 수 있다. 전복 요리에는 회, 찜, 구이, 버터구이(스테이크), 술지게미 절임 등이 있다. 옛날에는 통째로 말린 전복을 가쓰오부시처럼 국물 맛을 내는 재료로 사용하거나, 박고지처럼 벗겨 말린 전복을 불로장생 약으로 먹었다고 한다.

소설가 이케나미 쇼타로의 시대소설에 '전복 초절임'이라는 것이 등장한다. 전복을 소금에 비벼 씻은 후에 얇게 저며 식초에 절인 것이다. 전복의 나레즈시 같은 것으로, 부드럽고 맛있다.

노토섬의 수산 도시 와지마에는 소금 간을 하여 찐 '전복 찜'이 있다. 요릿집에서 먹는 전복 찜처럼 부드럽지 않고, 딱딱하다. 얇게 저며 물에 적신 것을 '미즈가이水貝'라고 하며, 술안주로 어울린다. 소박한 바다 향과 식감을 느낄 수 있다.

전복의 간은 단맛, 쓴맛과 함께 꽤 독특한 풍미를 느낄 수 있다. 전복의 먹이인 해조 맛이 가득 배어 있기 때문인 듯하다. 뜨거운 물에 데쳐 초간장에 찍어 먹으면 식감이 쫄깃하고 맛있다. 신맛이 쓴맛을 없애주고, 감칠맛이 강해지기 때문이다. 껍데기에 붙어 있는 '호지ほじ'라는 근육은 얇게 저며서 회나 초절임으로 먹는다.

전복 찜의 감칠맛

전복은 예로부터 어패류 중에서 가장 맛있어서 전복을 싫어하는 사람은 거의 없다. 가격은 비싸지만 양식에 성공한 덕분에 계획 생산, 안정 공급이 가능해졌다. 그래서 양식 전복은 일반인도 쉽게 사먹을 수 있을 만큼 싸졌다. 특히 자연산 전복보다 살이 많아서 인기 있다.

일본 근해에 서식하는 전복은 왕전복, 까막전복, 말전복, 참전복 네 종류다. 일반적으로는 종류를 구별하지 않고 모두 전복으로 취급하지만, 까막전복의 어획량이 많기 때문에 전복이라고 하

면 보통 까막전복을 가리키는 경우가 많다. 어시장에서 전복은 '까막전복'과 '말전복'으로 구분된다. 까막전복은 껍데기가 검푸른 색이고, 살이 단단하다. '아오가이靑貝'라고도 한다. 말전복은 껍데기가 빨갛고 살은 부드럽다. '비와가이ビワガイ'라고도 한다.

초밥 집에서는 생식용으로는 아오가이, 찜에는 비와가이를 사용한다. 하지만 둘 다 날로 먹는 것보다는 찜이 더 맛있다고 알려져 있다.

전복 식용 부분의 엑스분 중 감칠맛의 주성분은 타우린, 글리신, 베타인, 아르기닌, 글루타민산 같은 아미노산이다. 전체적으로는 단맛이 강한 감칠맛이 난다. 이 감칠맛은 회나 초밥 같은 생식보다는 찜으로 먹어야 더 느낄 수 있다. 찜을 하면 숙성이 진행되어 아미노산 양이 증가하기 때문이다. 전복에는 글리코겐이 많다. 글리코겐은 맛의 조화를 이루는 기능이 있다고 한다. 감칠맛도 단맛도 나지 않는 전분 같은 것이지만, 조개류의 감칠맛에 중요한 역할을 한다.

전복의 감칠맛은 주로 전복의 먹이인 갈조류에서 나온다. 전복이 먹은 다시마의 글루타민산이 전복의 감칠맛과 관련 있는 것으로 보인다.

전복을 먹는 즐거움은 쫄깃쫄깃한 식감에 있다는 의견도 있다. 전복 회의 쫄깃한 식감은 살에 많은 콜라겐이라는 경단백질 때문이다. 열을 가하면 이 콜라겐이 부드러운 젤라틴으로 변해 전복 찜이 부드러워진다.

예로부터 지바현 조시의 '보슈 전복房州の鮑'은 살이 단단하고, 맛에 깊이가 있고, 달달해서 모든 면에서 최상품으로 유명하다. 에도 시대에는 보슈에서 잡힌 큰 전복을 영주에게 진상했다고 한다. 지금도 전복은 커야 맛있다는 것이 정설이다. 그중에서도 오하라 산 말전복은 맛도 있고, 버릴 게 거의 없을 정도라고 한다.

전복의 먹이는 갈조류이기 때문에 갈조류가 적은 해역에서는 대형 전복을 찾아보기 어렵다. 난세이 제도에는 전복의 먹이가 되는 갈조류가 적어서 전복은 없지만, 그 대신 오분자기가 서식하고 있다. 그리고 이 해역에서부터 이어지는 이즈시치섬 연안의 암초에도 오분자기가 많다.

불로불사의 명약

전복은 예로부터 건강식품으로 널리 이용되어왔다. 중국에서는 2000년 전부터 일본산 전복을 강장식품으로 이용했다고 한다. 중국에서도 해안 지역에서는 신선한 전복을 사용한 요리가 있지만, 내륙 지역에서는 일본에서 수입한 말린 전복을 요리에 사용했다. 이러한 지리적 조건 때문인지 중국 요리에는 말린 어패류를 이용한 것이 많다.

전복에 정력에 좋은 성분이 있는지는 알 수 없지만, 먹으면 정력이 좋아지고, 장수한다는 내용이 에도 시대의 책『간소사단閑窓瑣談』에 기록되어 있다고 한다.

진시황은 불로불사하기 위해 일본에 신하들을 보내 전복을 찾았다고 한다. 지금도 중국 요리나 약선요리에 전복이 사용되는 것은 어쩌면 그 간절함 때문인지도 모르겠다. 어쨌든 오늘날에는 불로불사보다는 건강을 위해 전복을 먹는다. 전복은 에너지원인 글리코겐의 보고이며, 간과 눈에 좋은 타우린도 풍부하다. 특히 꼭꼭 씹어 먹으면 몸에 더 좋다.

일본에서는 신사에 봉헌한 말린 전복을 불로불사의 약으로 믿고 먹었다. 이러한 믿음 때문에 정월이나 혼례, 그 밖의 경사로운 날에 보내는 선물이나 장식에 말린 전복을 사용했다. 그러한 관습 때문인지 지금도 이세 지방 사람들은 이세신궁伊勢神宮에 말린 전복을 봉헌한다.

헤이안 시대에는 다이조제大嘗祭라는 큰 제사가 있었다. 말린 전복은 이 제사의 공물로도 빠지지 않았다. 헤이안 조정에서는 전복 초밥이 대인기여서 전복을 진상하게 했다는 말도 있다. 그 당시 전복의 나레즈시였을지도 모르겠다.

옛날에는 짝사랑에 빠진 남성을 '물가의 전복'이라며 안타까움과 비웃음을 섞어 말했다고 한다. 『만요슈』에 나오는 "이세의 해녀들이 아침저녁으로 캐는 전복을 닮은 짝사랑"이라는 구절에서 인용된 것이다. 전복이 한 장의 껍데기를 등에 지고, 바위에 다리를 걸친 상태로 몇 년 동안이나 꼼짝하지 않고 바위를 덮고 있는 것처럼 보여서 이러한 시조가 탄생했다고 한다.

성
게
알
젓

일 년 내내 제철

한자로 '海胆'라 쓸 때는 가시로 덮인 껍데기가 있는 성게를 가리
키고, 성게에서 꺼낸 생식소는 '雲丹'이라 하는데 일본 이름은 양
쪽 모두 '우니ゥに'다.

식용으로 판매하는 병조림의 '雲丹'은 성게알젓을 가리킨다.

식용으로 사용되는 성게는 보라성게, 빨강성게, 말똥성게, 북쪽
말똥성게 등이다.

가장 맛있는 시기는 생식소가 성숙한 때지만, 성게의 종류에
따라 시기가 다르다. 보라성게는 6~8월, 말똥성게는 3~4월, 빨
강성게는 늦가을, 북쪽말똥성게는 7~10월이다. 따라서 사시사철
제철 성게를 먹을 수 있다. 해산물 전문점에도 일 년 내내 생물
성게가 진열되어 있다. 일본산 성게가 부족할 때는 캐나다나 북
아메리카 서해안에서 수입한다.

성게 중에서도 특히 말똥성게가 맛있다. 빨강성게는 크기와 맛에서 조금 뒤떨어진다.

생물 성게 알은 상자에 모래언덕 모양으로 예쁘게 담아 판다. 대형, 중형, 소형, 초소형의 4단계로 구분되어 있고, 표면의 입자가 선명한 것을 선택하면 맛있다.

성게알젓 가공품에는 여러 종류가 있고, 각각 성게 산지에서 만들어지지만, 알코올로 저장 효과를 높인 시모노세키의 성게알젓이 유명하다. 규슈나 홋카이도에서는 알코올을 사용하지 않는데, 알코올을 쓰지 않는 게 더 맛있다.

도호쿠의 찐 성게알젓도 유명하지만, 보존 기간이 짧아서 도쿄에서는 먹을 수 없다. 북방대합의 껍데기나 전복 껍데기에 성게알젓을 듬뿍 담아 찌거나 구운 것으로, 생 성게알젓보다 맛있다.

지금과 같은 100퍼센트 성게알젓 병조림이 귀했던 시절에는 중국이나 한국에서 수입한, 녹아 흘러내리는 듯한 걸쭉한 성게 알을 억지로 굳혀 단단하게 만들었다고 한다. 알코올을 사용해서 단단하게 만든 시모노세키의 성게알젓에서 힌트를 얻었는지는 알 수 없지만, 술지게미와 걸쭉한 성게 알을 섞어서 단단하게 만들어 병에 담는다. 술지게미가 많이 들어간 성게알젓은 값이 매우 쌌다고 한다. 지금은 거의 100퍼센트 성게 알로만 젓갈을 담그므로 언제나 맛있는 성게알젓을 먹을 수 있다.

글루타민산과 핵산의 상승효과

성게알젓의 감칠맛 성분은 주로 아미노산과 핵산(5'-뉴클레오티드)
이다. 아미노산 중에서도 특히 글리신, 알라닌, 발린, 글루타민산
이 성게알젓의 맛에 큰 영향을 미친다. 글리신과 알라닌은 성게
알젓의 단맛, 발린은 쓴맛, 글루타민산은 감칠맛과 관련 있다. 성
게알젓 특유의 맛은 메티오닌 때문이다. 핵산 함유량은 적지만,
글루타민산과 함께 상승효과를 발휘하여 성게알젓을 더욱 맛있
게 하는 것 같다.

성게알젓의 매끄러운 식감은 지방질 때문이다. 생 성게알젓에
는 약 5퍼센트의 지방질이 포함되어 있고, 대부분이 인지방질이
다. 인지방질은 물과 단백질과 지방질을 균일하게 하는 작용을
하므로, 지방질의 느끼함을 잡아준다.

성게알젓 특유의 향은 성게의 먹이인 해조류에 함유된 디메틸
설파이드 성분 때문이다. 바다 향을 내는 성분이라고 할 수 있다.

최근에는 한대 지역의 성게가 일본에 수입되고 있다. 러시아 어
민이 사할린, 캄차카, 러시아 연해주에서 잡은 어패류들이다.

한대 지역의 성게로는 북방말똥성게, 둥근성게가 있다.

북방말똥성게는 사할린, 홋카이도에서 제품화되어 도쿄로 수
송된다. 특히 유빙이 흐르는 냉수역의 얕은 바다에서 잡히는 성
게의 품질이 좋으며, 7~10월이 제철이다.

둥근성게도 냉수역에서 어획되지만, 비교적 온난한 곳에서도
서식한다. 홋카이도 남부의 얕은 바다에 서식하며, 제철은 9월부

터 이듬해 1월이고, 도호쿠에서 만
드는 성게알젓 찜의 원료다.

껍데기가 붙어 있는 성
게에서 성게 알을 꺼내
려면 껍데기 한가운데에
있는 입에 십자 모양의 칼
집을 낸다. 그리고 껍데기를 거꾸로
뒤집어 부리를 긁어내고 나서, 가위로 껍데기를 원형으로 잘라
성게 알을 꺼내 차가운 소금물에 담가 깨끗이 씻은 후에 물기를
제거한다.

상자에 담아 파는 생 성게 알 중에서도 바다 향이 너무 강한
것은 매실 소스, 초장 등을 뿌려 향을 가라앉히면 맛이 고급스러
워진다. 여기에 다진 차조기를 뿌리면 차조기 향이 은은하게 감
돌아 더욱 고급스러운 성게알젓으로 다시 태어난다.

굴

좌우의 모양이 다른 두 장의 껍데기로 이루어진 이매패에 속한다. 껍데기 표면의 복잡한 주름은 '성장맥'이라고 한다. 오른쪽 껍데기는 거의 편평하고, 왼쪽 껍데기는 볼록하다. 이 볼록한 부분을 암초에 붙이고 산다. 먹이는 주로 식물성 플랑크톤이다.

굴을 이용한 일본 요리에는 굴 초무침, 탕이 있고, 서양 요리로는 튀김, 그라탱, 구이, 수프, 기름 절임이 있다. 일본과 서양 굴 요리의 공통점은 생굴에 식초나 레몬즙을 사용해서 새콤한 맛을 즐긴다는 점이다. 즉 새콤한 맛을 더함으로써 단맛이 부각되고 미끈거리는 식감이 억제되므로, 감칠맛이 한층 살아난다. 일본 요리는 '모미지오로시'의 매운 맛으로, 서양 요리는 토마토 케첩이나 타바스코로 마무리한다.

현재 우리가 먹고 있는 굴은 거의 양식 굴이다. 유럽에서는 기원전 1세기부터 굴 양식을 했다고 한다. 현재 일본 내 양식 굴의

주 생산지는 히로시마현과 미야기현이다. 히로시마 산 양식 굴은
살이 크고, 미야기 산은 관자가 큰 것이 특징이다.

시판되는 굴은 용기에 물을 넣지 않고 보존한 것과 물을 넣는
것, 두 가지가 있지만, 껍데기가 붙은 것을 사서 직접 까먹는 것
이 맛있다. 젊은 사람은 탱탱한 히로시마 산을 좋아하고, 나이든
사람들은 감칠맛이 많은 미야기 산을 좋아한다고 한다.

시판되는 굴에는 가열용 표시가 되어 있는 것도 있다. 가열용
과 생식용의 차이는 깨끗이 씻었는지 여부이고, 선도는 같다. 물
론 생식용은 정수로 세척하기 때문에 세균 수가 적다. 이 점을 유
념해서 출하일을 확인하고 구입하는 것이 중요하다.

'바다의 우유'로 불리는 이유

굴은 '바다의 우유'라고 불릴 만큼 단백질, 지방질, 미네랄, 비타민
류가 풍부하다. 생굴을 입에 넣고 씹으면 우유 같은 식감과 맛을
느낄 수 있다. 굴을 강장식품이라고
하는 이유도 아마 풍부한 영
양분 때문일 것이다. '일
본식품표준성분표'를
보면, 생굴 100그램당
열량은 60칼로리로 적
다. 단백질은 약 7그램, 지

방은 1.4그램, 탄수화물은 4.7그램이다. 다른 어패류에 비하면 탄수화물이 눈에 띄게 많다. 이 탄수화물의 주성분은 글리코겐으로, 소화 흡수가 잘되고 열량으로도 쉽게 변환된다. 우유의 열량은 약 70칼로리, 단백질은 약 3그램, 지방질은 약 4그램, 탄수화물은 4.8그램이다. 둘을 비교하면 굴에 단백질이 더 많다. 우유에 든 탄수화물은 유당이므로, 굴의 글리코겐과 생체 내에서의 기능이 다르다. 회분은 우유가 0.7그램이고 굴은 우유의 세 배나 된다. 칼슘 함량은 우유보다 적지만, 굴은 바다에서 나기 때문에 요소, 철, 동 등의 미네랄이 풍부하다.

그러므로 굴은 영양분이 풍부한 다이어트 식품이다.

생굴의 미끈거리는 질감은 타우린이라는 성분 때문인데, 이는 혈중 콜레스테롤의 증가를 억제하는 기능을 한다.

타우린은 굴을 비롯 이매패의 감칠맛을 내는 주요 성분이기도 하다.

그 밖에 아미노산, 호박산, 글리코겐이 굴의 감칠맛에 영향을 미친다. 특히 제철의 굴은 글리코겐과 타우린, 엑스분의 양이 많다.

"5~8월에는 굴을 먹지 마라" "꽃놀이가 끝나면 굴은 먹지 마라"는 말이 있다. 여름철 굴은 살이 없고, 맛이 없다. 게다가 여름 바다는 세균 오염이 심하므로, 세균이 많은 곳에서 서식한 것이나 양식 굴은 중독을 일으키기 쉽다. 그래서 12~2월의 굴이 가장 맛있다.

예외적으로 여름에 먹을 수 있는 굴은 노토섬의 바위에서 채취한 굴, 홋카이도 앗케시에서 채취한 여름 굴로, 크고 맛있다.

아리아케해나 아마쿠사에서 채취한 새끼손가락 한 마디 크기의 굴도 각별한 맛이다. 일반적으로 레몬즙이나 고추냉이 간장에 찍어 먹지만, 아마쿠사 특유의 '청고추 간 것, 소금, 고추냉이 간 것'을 섞은 양념장은 굴처럼 단맛이 나는 식품의 풍미를 돋운다.

굴 튀김도 맛있다. 보통 튀기면 바삭한 튀김옷의 식감이 굴 특유의 부드러움을 상쇄해버릴 것 같지만 굴튀김은 살이 폭신해서 맛있다. 갓 튀긴 굴에 레몬즙을 뿌리면 맛이 더욱 좋아진다.

생굴을 좋아하지 않는 사람은 구워서 레몬즙을 뿌려 먹으면 좋다. 그 밖에 껍데기에 다시마를 깔고 그 위에 굴을 얹어 구우면 다시마의 감칠맛이 굴에 배어 맛이 한층 좋아진다.

굴은 기원전부터 세계 각지에서 '정력에 좋은 식품'으로 알려져 왔다. 카이사르, 나폴레옹, 비스마르크 같은 전쟁 영웅들이 특히 생굴을 즐겨 먹었다고 한다.

일본에는 약 20종의 굴이 서식한다. 보통은 양식 굴을 먹지만, 여름이 되면 노토섬에서 채취한 자연산 석굴이 유명하다. 프랑스 굴도 도호쿠에서 양식한다. 일본산 굴은 단맛이 강해 일본 술에 어울리지만, 프랑스 굴은 조금 떫은맛이 나므로 와인에 어울린다.

굴의 한자 표기인 '모려牡蠣'는 고서 『일본산해명산도회日本山海

名産圖會』의 설명에 따르면, 암수의 구별이 없고 모두 '수컷牡'이라는 점에서 유래했다. 여기에 조개가 크고, 포도송이처럼 많이 달려 있는 것을 '여蠣'라고 하므로 이 두 글자를 합쳐 '모려牡蠣'가 되었다고 한다.

소
라

주먹 모양의 원추형으로, 나층螺層을 이루고 있다. 성장하면서 조간대潮間帶(만조 때는 잠기고 간조 때는 드러나는 부분)에서 갈조가 많은 약간 깊은 곳으로 옮겨간다. 껍데기 표면은 보통 녹갈색이지만, 먹이인 해조의 종류에 따라 약간 다르다.

보통 미역, 대황, 우뭇가사리, 갈래곰보 등을 먹고 산다.

껍데기 입구에는 뚜껑이 있다. 소라 뚜껑에는 다리가 달려 있는데, 그 부분은 까맣다. 안쪽에는 내장이 있고, 그 끝에 생식선이 있다. 생식선의 색은 암컷이 암록색, 수컷이 백색이며, 겉모양으로는 암수를 구분할 수 없다. 생식선을 속칭 '소라의 꼬리'라고도 한다. 성장한 소라의 크기는 높이가 10센티미터 정도, 뚜껑이 있는 입구 부분의 직경이 8센티미터 정도다. 물결이 거친 외해에서 서식하는 소라는 뿔이 크고, 내만이나 조용한 바다에 서식하는 소라나 양식 소라는 뿔이 작거나 없다.

소라를 사용한 대표적인 요리로는 회나 단지구이가 있다. '단지구이'라는 이름은 껍데기를 단지로 보고 껍데기째 굽기 때문에 붙여졌다. 본래 소라 단지구이는 소라를 숯불 위에 올려 가열하고, 마지막에 약간의 간장을 부어 살과 내장을 꺼내 먹는 것이다. 요릿집에서는 껍데기에서 살과 내장을 함께 꺼내 살을 얇게 자르고, 다진 표고버섯, 새우, 은행, 파드득나물(반디나물) 등을 다시 껍데기 속에 넣고 맛국물에 삶는다. 껍데기째 그냥 굽든 요릿집에서 하는 것처럼 굽든, 껍데기를 사용하는 것은 똑같다.

내장은 뜨거운 물에 데쳐 초간장이나 폰즈에 찍어 먹어도 되고, 간장과 설탕을 넣고 짭짤하고 달콤하게 삶아도 좋다.

소라 요리에는 반드시 살아 있는 것을 사용해야 한다. 회로 먹을 경우, 초보자는 껍데기에서 살을 꺼내기 어려우므로 전문가의 설명을 듣고 도구를 사용하는 편이 좋다.

소라의 제철은 여름이며, 요즘에는 산지에서 직송되는 경우도 많다. 살아 있는 소라를 요리해서 먹고 남았다면 냉동 보관하고, 먹을 때마다 꺼내 먹으면 된다. 냉장고에 보관했다가 죽어버린 소라는 신선하지 않으므로 먹지 않는 편이 좋다.

식감이 다른 소라회와 단지구이

일반적으로 어패류의 제철은 산란기 직전이다. 소라의 산란기는 6~7월이기 때문에 제철도 봄부터 초여름이다. 산란기와 제철이

거의 같은 시기다. 자웅이체
로, 제철 소라의 생식소는
암수 모두 크게 부풀어올
라 맛있다.

　살 부분을 회로 먹으면
쫄깃쫄깃한 식감을 느낄 수 있
다. 꽤 질겨서 오래 씹어야 하는데 오
래 씹을수록 감칠맛이 입안에 퍼진다.

　소라회의 식감이 쫄깃쫄깃한 이유는 살을 구성하는 단백질에
콜라겐이 많기 때문이다. 콜라겐은 경단백질이어서 질기다. 그런
데 구우면 콜라겐이 열에 의해 젤라틴이라는 부드러운 단백질로
변해서 살이 부드러워진다.

　소라는 뚜껑이 붙은 상태에서 껍데기째 숯불이나 가스 불에
굽고, 뚜껑이 떨어지면 그 안에 간장 또는 간장과 일본 술을 혼
합한 액을 붓고 더 구우면 소박한 맛을 즐길 수 있다. 껍데기 안
에 있는 체액의 감칠맛도 함께 내장과 살(다리)에 배므로, 소라의
감칠맛을 확실히 느낄 수 있다.

　요릿집 풍의 단지구이를 할 때는 껍데기째 깨끗이 씻어 뜨거운
물에 데친다. 그리고 뚜껑을 떼고 살과 내장을 꺼낸다. 살은 먹기
쉽게 잘게 썰어 다시 껍데기 안에 넣고 조미료와 함께 삶는다. 이
때 소라를 데친 국물을 함께 넣는 것이 핵심이다. 데친 국물 안
에는 껍데기 속에 있던 감칠맛 나는 체액이 녹아 있기 때문이다.

　한편 내장 가까이 있는 살은 회로 먹으면 부드럽지만, 구우면

약간 딱딱해진다. 이 부분에는 미오겐이나 미오신이라는 단백질이 들어 있기 때문이다. 콜라겐과 달리 이 단백질들은 열을 가하면 굳어버린다.

소라의 단백질은 가열하면 딱딱해지거나 부드러워지므로, 소라의 식감은 회로 먹을 때와 구이로 먹을 때가 다르다. 이를 물리 용어로 표현하자면 '점탄성粘彈性이 변화했다'라고나 할까.

소라의 엑스분 중 감칠맛 성분은 전복과 비슷하다. 먹이가 해조류, 특히 갈조류라는 공통점 때문이겠지만, 전복처럼 깊이 있는 맛은 아니다. 핵산 관련 물질, 글리코겐, 타우린 등의 함유량이 전복보다 적기 때문일 것이다. 다만, 호박산은 전복의 두 배다.

"바닷가 암초 위의 4월 전복과 소라磯岩の四月鮑とさざえ哉"(리오李王)라는 시처럼, 예로부터 초여름이 제철인 소라의 훌륭한 맛은 전복 맛에 필적할 정도라는 것을 알 수 있다.

소라의 일본 이름 '사자에さざえ'에서 '사사ささ'는 작다, '에え'는 집에 있다는 뜻이다. 즉 '작은 집'이라는 의미인 듯하다. 또 작은 무늬가 많은 조개라는 설도 있다고 한다. 소라를 한자로는 '榮螺'로 쓰는데, '螺'는 고둥이라는 뜻으로, 표면의 뿔이 영화로워 보여 붙여졌다고 한다.

소라 요리로는 예로부터 단지구이, 회, 조림, 술지게미 절임 등이 있었다. 『요리 이야기料理物語』(1643)에 따르면, 3월 3일의 히나마쓰리ひな祭り(일본의 전통 행사. 여자아이의 건강과 행복을 기원하는 의미가 있다)에서는 대합이나 소라를 올리는 풍습이 있다. 본래 간사이에서는 대합, 간토에서는 소라를 올렸다고 한다.

'고양이와 소라'라는 속담이 있다. 이는 고양이는 소라를 아주 좋아하지만, 껍데기가 딱딱해서 먹을 수 없다는 뜻에서 '포기하지 않을 수 없다'는 의미로 쓰인다. 하지만 돌돔은 새 부리 모양의 이빨로 소라 껍데기를 깨고 알맹이를 먹어치운다.

제철인 초여름이 지난 여름 소라는 껍데기와 입만 보이고 안의 살과 내장은 말라 있다. 그래서 '허풍쟁이'를 가리켜 "입뿐인 여름 소라"라고 한다.

대
합

삼각형의 세 모서리를 둥글게 깎은 듯한 모양의 이매패다. 보통 식용으로 사용하는 것은 껍데기 길이 8~9센티미터, 높이 6~7센티미터, 너비 3~4센티미터이고, 산란 후에 이 크기로 자라기까지는 3년 넘게 걸린다.

껍데기 표면은 매끄럽고 보통은 담갈색이다. 껍데기의 꼭대기부터 방사상으로 두 개의 흑갈색 띠가 자라는 것처럼 보인다. 껍데기 안쪽은 백색이다.

대합 요리로는 탕, 찌개, 차우더처럼 국물을 내는 것, 초밥, 조개밥, 초된장 무침, 조림 등이 있다. 이 모두 대합의 식감과 감칠맛을 즐길 수 있다.

대합의 맛을 즐기는 간단한 방법은 갓 채취한 대합을 모래사장에서 구워 먹는 것이다. 바닷물의 소금기가 적당히 밴 체액이 구워져 뚜껑이 열린 대합 속에 그대로 남아 있기 때문이다. 다리가 살짝 덜 익은 정도로 구워진 대합을 그 속의 뜨거운 국물과 함께 먹으면 얼마나 맛있는지 깜짝 놀랄 정도다. 다만, 모래가 씹힐 수 있다는 단점이 있다. 요즘은 1차 해감한 대합도 판매하니 사와서 집에서 한 번 더 해감한 뒤 요리하면 된다.

그러나 가정에서 다시 해감한 대합은 짠맛도 사라지므로 구워져서 껍데기가 열리면 바로 간장을 조금 치고 살이 굳기 전에 먹는 것이 좋다.

예전에는 바닷가 모래사장에서 발뒤꿈치를 모래 속에 단단히 고정하고 트위스트를 추듯이 모래를 비비면 발에 대합이 닿기도 했다. 이렇게 캐낸 대합은 모래투성이라 대합이라고 하면 모래의 버석거림과 짠 바닷물이 생각나지만, 지금은 모두 옛이야기가 되었다.

감칠맛의 주인공은 아미노산

대합의 감칠맛은 살(복족)보다 껍데기에 남아 있는 체액에 있다. 그래서 살 속의 엑스분이 빠져나오도록 국이나 탕을 끓이거나 살과 체액의 맛을 활용한 요리가 많다.

대합의 감칠맛 성분은 주로 글루타민산, 타우린, 알라닌, 글리신 같은 아미노산으로, 엑스분에 포함된 양은 바지락이나 가막조개보다 많다. 그래서 대합 특유의 감칠맛을 내는 주요 성분은 아미노산으로 보인다. 한편, 조개류의 감칠맛을 특징짓는 호박산은 바지락이나 가막조개보다는 적지만, 호박산이 없으면 대합 탕의 풍미는 나지 않는다. 핵산계 감칠맛 성분은 ATP(아데노신 3인산)가 분해되어 이노신산이 되기 전 물질인 아데닐산이다.

대합은 반드시 익혀 먹어야 한다. 대합의 살에 있는 비타민 B1을 분해하는 아노이리나아제라는 효소가 인체에 들어가면 장내에 존재하는 비타민 C가 분해되어 비타민 C 결핍증을 초래할 수 있기 때문이다. 가열하면 효소가 불활성화하므로, 대합 탕이나 구이 등은 안심하고 먹을 수 있다.

구이나 탕처럼 껍데기가 붙은 채로 요리할 때는 두 장의 껍데기를 연결하고 있는 인대를 끊어야 한다. 인대 부분에 나와 있는 작은 돌기를 칼로 깎아내면 된다. 인대를 끊지 않고 가열하면 껍데기가 탁 터지듯 열려 껍데기 속의 국물이 밖으로 튀어나오므로 조심해야 한다.

대합 찜은 알맞게 익은 대합에 레몬즙이나 스다치(영귤) 즙을 뿌리면 풍미가 한층 살아난다. 대합구이는 미에현 구와나의 명물이다. 화력이 센 불에 구워 껍데기에서 국물이 끓어오르기 시작하면 불에서 내려 레몬즙이나 간장을 뿌려 먹으면 맛있다. 지바현의 명물인 대합구이는 껍데기를 깐 대합 살을 꼬치에 꿰어 구워 소스를 발라 먹는다. 대합 탕은 냄비에 물, 다시마, 대합(해감해서 씻은 것)을 넣고 불에 올린다. 끓기 전에 다시마를 꺼내고 거품을 제거하면서 익힌다. 대합 껍데기가 열리면 불을 줄이고 술, 소금, 소량의 간장으로 간을 한다. 다시마에서 나오는 글루타민산 덕분에 대합 탕의 풍미가 더욱 깊어진다. 조개를 이용한 탕에는 다시마의 맛국물이나 글루타민산이 없으면 산뜻한 맛이 나지 않는다.

『니혼쇼키』에도 등장

게이코 천황(재위 71~130)이 매우 기뻐하며 대합을 즐겨 먹었다는 기록이 『니혼쇼키日本書紀』(일본에서 가장 오래된 역사서)에 있다. 미에현 구와나의 대합구이는 에도 시대부터 유명하다. 『도카이도 도보여행기東海道中膝栗毛』에 따르면 당시의 대합구이는 솔방울로 구웠다고 한다.

사이교 법사(헤이안 시대 승려이자 시인)는 대합 껍데기가 정확히 한 쌍을 이룬다고 하여 부부의 화합과 결부한 시를 남기기도 했다. 결혼식 피로연 요리에 대합탕이 빠지지 않는 이유는 전통적으로 부부의 화합을 기원하는 의미가 대합탕에 담겨 있기 때문이다.

한 쌍의 껍데기가 정확히 맞아떨어지는 특징 때문에 옛날에는 대합 껍데기를 다양한 놀이에도 사용했다. 헤이안 시대의 귀족은 껍데기 모양을 맞추는 '조개껍데기 덮기'나 '조개껍데기 맞추기' 같은 놀이를 했다. 무로마치 시대에는 껍데기 안에 화려한 그림을 그리는 놀이도 있었다.

대합은 수온이 변하면 다른 이매패는 따라가지 못할 만큼 멀리 이동한다. 해변 오염은 모래사장 부근에 서식하던 대합을 멀리 쫓아버렸다. 그래서 예전에는 해수욕을 하러 갔다가도 바닷가에서 대합을 잡을 수 있었지만 지금은 어림없다.

멀리 이동하는 대합의 습성을 인간의 성격에 빗대어 바람기 있는 여성을 '여름 대합'이라고 한다. 대합은 여름이 되면 산란을 위해 해변에서 멀리 떨어진 장소로 이동하고, 맛도 떨어진다. 여름이므로 세균 오염으로 인한 식중독도 걱정된다. '바람기 있는 여성'은 '멋진 여성'이 아니라 '독이 있는 여성'이라는 의미인 듯하다.

대합은 아니지만 대합과 비슷하게 생긴 조개가 있다.

미국 서해안의 포틀랜드에 사는 친구를 방문하면 늘 공항에서 직행하는 곳이 포틀랜드의 차이나타운이다. 여기에는 대합보다 큰 미루가이mirugai 요리가 있다. 다른 말로 구이덕Geoduck이라고도 하는데, 미루가이를 채소와 함께 볶으면 식감과 맛 모두 훌륭하다. 일본에서는 작은 것은 초밥에 이용하지만, 중화요리로 먹는 것도 맛있다.

가
리
비

가리비는 한해성의 대형 이매패로, 홋카이도, 도호쿠, 산리쿠 지방에 분포한다. 껍데기 안에는 큰 조개관자가 한 개 있다. 주로 이 관자(폐각근)를 먹는다. 가리비의 관자에는 굴에서 볼 수 있는 미끈거리는 물질은 없다.

일반적으로 시판되고 있는 것은 아오모리현 무쓰만, 이와테현, 미야기현, 홋카이도 훈카만의 양식 가리비다. 자연산 가리비는 오호츠크해에 서식하는, 껍데기와 관자가 큰 것이 인기 있다.

횟감용 관자만 얼음 저장해 팔기도 한다. 냉동 관자도 회로 먹을 수 있지만, 가열 요리나 가공용으로 이용되는 경우가 많다. 물론 껍데기째 얼음 저장도 하지만, 껍데기가 잘 열리게 칼집을 낸 것도 있다. 주로 선물용으로 사용된다.

껍데기가 붙어 있는 선물용 가리비는 대합과 마찬가지로 불에 구워 레몬즙이나 간장으로 양념해서 먹어도 되고, 관자를 꺼내 회로 먹어도 좋다. 껍데기를 활용하기 위해 껍데기를 열어 내장을 떼고 관자만을 남긴 요리도 있다.

가리비의 껍데기를 떼어내려면 껍데기 사이에 칼을 넣어 벌려서 편평한 쪽의 껍데기와 관자를 떼어낸다. 이어서 내장과 관자를 떼고, 조개날개와 관자를 따로 떼어 물에 씻는다.

관자의 감칠맛

가리비의 관자는 회로 먹으면 단맛이 강한데, 주로 글리신이 많이 함유되어 있기 때문이다(글리신은 다른 아미노산에 비해 단맛이 매우 강하다).

또한 호박산도 많아 바지락의 10배나 된다. 이는 감칠맛과 관련이 있다.

가리비 관자의 단백질 함량은 약 17퍼센트다. 소라보다는 적지만 전복과 거의 비슷한 양이다. 말린 가리비(소금을 넣고 삶아 말린 것)의 단백질 함량은 65.7퍼센트나 된다. 이처럼 단백질이 많다는 것은 씹으면 씹을수록 감칠맛을 느낄 수 있다는 뜻이다. 말린 가리비를 중국 요리에 사용하는 이유는 엑스분의 감칠맛을 살리기보다는 관자 자체의 단백질이 갖는 감칠맛을 이용하기 위함이다.

관자는 소금구이, 버터구이 같은 소테saute에서도 단맛을 느낄 수 있다. 조림은 상당히 능숙하게 익히지 않으면 간장 맛 때문에 단맛이 죽기 때문에 조심해야 한다.

튀김은 관자 엑스분과 살의 감칠맛을 유지할 뿐 아니라 기름 맛도 더해지므로, 회와는 조금 색다른 감칠맛과 식감을 즐길 수 있다. 그라탱이나 탕에 이용하면 국물에 단맛이 배어 훨씬 맛있어진다.

중독에 주의

가리비는 동물성 플랑크톤을 먹고 살기 때문에 자연산이든 양식이든 유독성 플랑크톤이 체내로 들어가는 경우가 있다. 특히 내장은 독화될 수 있으므로 되도록 먹지 않는 편이 좋지만, 굳이 먹는다면 탕으로 끓이거나 삶아 먹어야 한다.

가리비의 중독에는 설사성 패독과 마비성 패독 두 종류가 있다. 둘 다 독소는 소화관의 일부에 해당하는 '중장선中腸腺'에 존재한다. 설사성 패독 물질에 속하는 것으로는 디노피시스톡신, 펙테노톡신, 에소톡신 같은 독소가 있다. 마비성 독성 물질로는 색시톡신, 고니오톡신, 프로토고니오톡신이 있다.

이처럼 중장선에는 독소가 존재하는 경우가 있으므로, 중장선을 제거하고 요리하는 것이 원칙이지만, 중장선에 상처가 나면 관자 부분에도 영향을 미치므로 취급에 주의해야 한다. 아울러 중장선에 의한 중독은 쇠고둥에서도 볼 수 있다.

가리비의 제철은 10월로 알려져 있지만, 실제로는 겨울부터 초봄에 걸쳐 맛있는 가리비를 즐길 수 있다. 오호츠크해의 자연산 가리비는 가을부터 겨울에 잡힌 20센티미터 정도 크기가 좋다. 냉동이라도 생물 가리비에 뒤지지 않을 만큼 맛이 훌륭하다.

가리비를 나타내는 '帆立貝'라는 한자는 배의 돛을 세운 것처럼 껍데기를 세워 해저를 이동하기 때문에 붙여졌다고 한다. 두 장의 껍데기 중 부풀어 있는 껍데기가 배고, 편평한 껍데기가 돛이라고 할 수 있다. 고서에는 한자로 '車渠' '海扇'이라 표기하고, 호타테가이ほたてがい'라고 읽었다고 한다. 지금도 '海扇'이라는 한자를 사용하는 사람이 있다. 껍데기가 부채 모양이기 때문이다.

바다에서 갓 잡아 올린 가리비를 조용한 곳에 두면 껍데기가 30도 정도 벌어진다. 그러다 인기척이 나면 재빨리 껍데기를 닫는다. 신선하다는 증거다. 하지만 이렇게 신선한 가리비는 도시에서는 좀처럼 볼 수 없다.

가리비의 껍데기는 굴 부착기나 어패류 세공에 이용한다. 아키타의 탕 요리 '가야키かやき'의 용기로도 이용된다. 가리비를 닮은 조개 껍데기도 마찬가지로 탕 요리의 용기로 사용된다.

제 3 부

새우류、게、조류

대
하

호쾌한 새우의 모양새를 살려서

대하는 난해성으로, 대부분 해양에 인접한 암초에서 서식한다. 대하의 서식지는 지바현 이남의 태평양, 규슈의 서해안이며, 이세 만에 많이 서식하기 때문에 이세에비(伊勢海老로 불리게 되었다고 도 한다. 나가사키, 미에, 이즈가 주 산지다. 대하 회는 주로 머리 와 꼬리가 붙은 상태로 나오는데, 호화로운 모양새와 색을 그대 로 살리기 위해서다. 잔칫날에는 대하의 모양새를 살린 스가타즈 쿠리(姿造り) 외에 냉채(데친 대하를 식혀서 마요네즈나 타르타르소스에 찍어 먹는다), 그라탱 등의 요리로 만들어지며, 모두 대하의 모양 을 그대로 살린 것이 많다.

딱딱한 등껍데기에 덮여 있고, 머리에는 가시가 있는 몸집이 큰 새우를 '대하'라고 정의할 수 있다. 그리고 닭새우, 흰줄닭새우,

금닭새우, 부채새우와 같이 '집게가 불완전한 것'과 랍스터처럼 '집게가 완전한 것'으로 나눌 수 있다.

금닭새우는 닭새웃과에 속하며, 가장 크고 가로폭도 넓다. 기이 반도에서부터 남쪽 연안에 분포하며, 맛이 좋다. 흰줄닭새우는 이세에비(닭새우)보다 작아 20센티미터 정도다. 어획량이 적어 맛보기가 힘들다. 부채새우도 크지 않지만, 규슈 방면에서 잡혀 식용으로 이용된다.

랍스터에는 아메리칸 랍스터, 유러피언 랍스터, 스파이니 랍스터 등이 있다. 생산량은 스파이니 랍스터가 많다. 쿠바, 호주, 뉴질랜드 등에서 수입된다. 손으로 잡기에는 집게가 위험해서 묶여서 들어온다.

너무 익히면 안 된다

대하의 감칠맛은 다른 새우와 마찬가지로 엑스분 중에 함유된 아미노산이나 베타인 때문이다. 엑스분 중의 글리신도 북방도화새우나 참새우만큼 많지 않아서 단맛이 강하지는 않다. 한편, 참새우 종류와 비교하면 살이 단단해서 너무 익히면 맛이

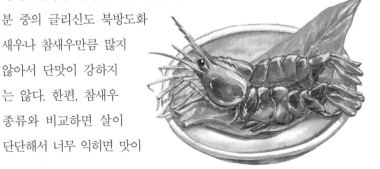

없어진다.

회로 먹는 편이 단맛도 음미할 수 있고, 살이 너무 연하지도 단단하지도 않으며, 식감도 좋다. 잔칫날에 내놓는 대하 요리는 너무 익혀서 맛이 없는 경우가 많다. 살짝 덜 익힌 정도가 맛도 식감도 최고다.

대하는 어획 후 죽으면 자가소화가 빠르므로 되도록 살아 있는 것을 조리해 먹는 것이 좋다. 데치거나 그라탱처럼 가열 조리하는 경우에도 살아 있는 것을 사용하는 것이 원칙이다.

대하의 머리를 잘라서 졸이거나 된장국에 넣으면 국물에 엑스분이 녹아들어 국물 맛이 좋아진다. 단맛이 감도는 깊이 있는 맛의 된장국이 완성된다. 여기에 두부, 파를 넣으면 한층 차분한 맛을 즐길 수 있다. 어부가 아니면 맛볼 수 없는 상쾌한 된장국이다.

대하류는 육질이 치밀해서 맛을 배게 하기가 쉽지 않다. 따라서 양념이 골고루 배는 요리가 어울린다. 즉 크림 조림, 그라탱, 토마토케첩과 칠리소스를 사용한 볶음 등 서양 요리나 중국 요리에서 사용하는 경우가 많다.

예전에 발리섬에서 커다란 랍스터 요리를 먹은 적이 있다. 소금 간하여 데친 것이었는데, 살이 푸석푸석하고, 감칠맛도 없을 뿐 아니라 식감도 좋지 않아 도중에 먹다 말았다. 일반적으로 동남아시아의 랍스터는 일본인의 기호에는 맞지 않는 것 같다.

대하의 제철은 10~11월로, 이 시기의 대하는 먹이를 거침없이 먹어치운다.

새우나 게는 성장하면서 탈피를 반복한다. 탈피할 때는 에너지

소모가 크기 때문에 살도 마른다. 그래서 껍데기가 부드러운 것은 살도 야위어 맛이 없다.

대하의 지방질 함량은 0.4퍼센트로 적어서 맛이 담백하다. 앞에서 말한 것처럼 대하의 맛은 엑스분 때문이며, 조직이 치밀해서 식감도 뛰어나다.

대하가 잔치 음식이나 잔칫날의 장식으로 이용되는 이유는 호화로운 모양새 때문일 것이다.

잔칫날 대하 요리를 내놓기 시작한 것은 에도 시대부터라고 한다. 그리고 이세에비라는 이름은 잔칫날 사용하기 위해 일부러 이세에서 가져왔다는 의미도 있는 듯하다. 또한 같은 종류의 대하를 간토에서는 '가마쿠라에비鎌倉海老'라고 했을 정도로, 옛 가마쿠라는 대하의 산지이기도 했다.

참
새
우

여러 가지 새우

새우는 분류학상 절지동물 갑각류에 속하며, 종류가 매우 많다. 참새우의 종류에는 참새우, 중하, 얼룩새우, 보리새우가 있고, 보탄새우의 종류에는 보탄새우, 북방도화새우 등이 있다.

참새우는 활어를 그대로 먹거나 회로 먹는 경우가 많다. 보탄새우, 북방도화새우도 거의 초밥이나 회로 먹는다. 외국에서 수입된 얼룩새우, 타이거, 핑크, 브라운으로 불리는 냉동 새우는 일본산 참새우의 대용으로 이용되지만, 냉동품이므로 해동한 후에 조리한다. 초밥에 사용할 때는 데쳐서 껍데기를 벗기고, 그 밖에는 해동 후에 껍데기를 벗겨 튀김으로 먹는다.

새우를 좋아하는 일본인의 식습관을 아는 외국에서는 참새우류를 양식하여 일본으로 수출하고 있다. 일본에서는 일본산 참새우를 양식하여 전국 각지에 활새우가 유통하고 있으며, 일본보다 기후가 따뜻한 동남아시아에서는 양식 새우의 성장이 빨라 연간 양식 회전율을 늘려 일본으로 수출하는 새우를 생산하고 있다.

일본에 수입되는 새우 중에 참새우류가 많은 이유는 크기와 맛이 일본 요리에 적절하기 때문이다. 동남아시아 각국에서 양식된 새우는 바닷물의 온도가 일본보다 높아서 새우 양식에 적합할지 모르지만, 대장균이나 콜레라균 등에 오염된 새우가 수입되는 사례도 있어 수출국, 수입국 모두 위생 문제에 세심한 주의를 기울이고 있다.

일본인이 매우 좋아하는 참새우의 경우, 일본 근해에서 어획된 자연산과 양식산은 모두 일본 고유종이다.

참새우는 일본 말로 '구루마에비車海老'라고 하는데, 그 이유는 삶거나 데치면 몸의 모양이 차바퀴처럼 보이기 때문이라고 한다. 그러나 참새우류가 모두 그렇지는 않다. 또한 열을 가하면 허리가 구부러지는 것처럼 보여서 허리가 굽은 노인 모습을 닮았다고 하여 '海老'라는 글자가 생겼다고도 한다.

일본 고유종은 크기에 따라 부르는 이름이 다르다. 100그램 이상인 것을 '오구루마大車', 25~40그램인 것을 '마키卷', 20그램 이하인 것을 '사이마키鞘卷'라고 한다.

참새우는 튀김에 빠지지 않는 재료다. 사이마키가 가장 귀한 대접을 받는데, 그 이유는 큰 것은 깊은 맛이 없어 튀김에 어울리지 않기 때문이다.

데치면 색이 변하는 이유

참새우 종류는 대체로 단맛이 강하다. 단맛의 주체는 아미노산이다. 타우린, 프롤린, 글리신, 알라닌, 아르기닌이 참새우 종류에 공통된 감칠맛과 단맛을 내는 성분이며, 특히 글리신이 많아서 단맛이 강하게 느껴진다.

북방도화새우나 보탄새우는 가열하면 수분이 줄어 살이 푸석해지므로 날로 먹을 수밖에 없다. 참새우 종류는 날로 먹을 때는 단맛이 강하게 느껴지지만 데치면 단맛이 약해지는데, 그 이유는 새우의 단맛이 데친 물에 녹아 빠져나가기 때문이다. 참새우를 데칠 때는 요령이 있다. 물에 소금을 넣고 보글보글 끓기 시작하면 참새우를 넣었다가 금방 건져 약간 덜 익히는 것이다. 살도 너무 단단해지지 않고 감칠맛도 사라지지 않으므로 맛있게 먹을 수 있다. 참새우를 튀기면 맛있는 이유는 튀김옷 때문에 새우의 감칠맛 성분이 밖으로 빠져나가지 않고 남아 있기 때문이다.

참새우는 데치거나 졸이거나 굽거나 튀기는 등 가열 조리하면 껍데기 속의 단백질과 결합되어 있는 아스타잔틴이 갈색 또는 청록색에서 적색으로 변한다. 이는 아스타잔틴이 단백질에서 유리되면서 산화하여 아스타신으로 변하기 때문이다. 북방도화새우나 보탄새우는 회나 초밥으로 제공될 때는 활어 상태는 아니지만 신선하다. 껍데기가 빨간 이유는 공기에 닿자마자 아스타잔틴이 적색으로 변했기 때문이다. 이 새우들은 수분이 많은데 가열하면 수분이 급격히 줄어 푸석해지고 맛이 없어진다.

회에는 북방도화새우나 보탄새우를 사용하지만, 참새우도 큰 것은 껍데기를 벗겨 잘라서 먹는다. 살아 있는 작은 남방젓새우를 초간장이나 간장에 생강을 넣어 찍어 먹어도 굉장히 맛있다.

데친 참새우는 조촐한 술안주로 어울린다. 작은 것은 데쳐서 칵테일 잔에 넣어 전채 요리로 낸다. 튀김이나 조림에도 어울린다. 참새우나 중하과의 큰 새우는 껍데기째 굽거나 꼬치에 꿰어 구워 먹어도 좋다. 또한 70그램 정도의 참새우, 수입산 냉동 새우도 튀김이나 구이 요리에 적합하다. 튀김에는 사이마키가 최고지만, 거의 같은 크기의 중하도 튀김에 적합하다. 참새우처럼 깊은 맛은 떨어져도, 담백하고 고급스러운 튀김으로 완성된다.

일본인이 새우를 좋아하는 이유는 달달하고, 생선 비린내가 나지 않기 때문일 것이다. 일본 아이들에게 인기 있는 음식은 예전에는 카레라이스나 햄버거였지만 요즘에는 초밥으로 바뀌었다. 그리고 초밥용 생선은 참치가 1위, 데친 새우가 2위다. 맛과 냄새 외에 선명한 색감도 인기가 있는 것 같다.

활새우는 연말연시 선물용으로 많이 애용된다. 발포 스티로폼 상자 안에 톱밥을 넣고, 그 안에 활새우를 넣어 수송한다. 만 하루 정도는 버틸 수 있다. 양식 새우의 단점은 아가미와 내장에 검은 진흙이 꽉 차 있다는 점이다. 날로 먹으려면 머리를 잘라내고 내장을 제거한 후에 먹는 편이 위생적이다.

최근에는 단출한 가정이 많기 때문에 많은 양을 보내면 곤란하다. 당장 먹을 만큼의 활새우만 남기고 나머지는 냉동 보관하는 편이 좋다.

참새우, 보탄새우의 제철은 여름부터 겨울이지만, 그 밖의 참새우 종류도 가을부터 겨울이 제철인 경우가 많다. 참새우 종류는 맛뿐만 아니라, 취급하기 쉽다는 점 때문에 인기가 있다.

소금 간을 해서 데친 참새우나 참새우 튀김도 술안주로 좋지만, 새우를 튀길 때 떼어낸 머리만 따로 모아 튀긴 것도 있다. 튀긴 뒤 식기 전에 소금을 살짝 뿌리면 새우의 달콤함과 튀김의 바삭함, 짭쪼름한 소금 맛이 어우러져 술안주로 제격이다.

끓는 물에 살짝 데친 참새우를 고추냉이 장에 찍어 먹어도 술안주로 좋다.

참새우 머리와 껍데기를 떼어내 하루 이틀 동안 된장에 담가 놓았다가 살짝 구우면 참새우의 달콤함과 된장의 풍미가 어우러져 술안주로 일품이다.

슈토酒盗(가다랑어 내장으로 담근 젓)를 일본 술이나 맛국물을 넣어 소스를 만들고, 이것을 껍데기가 붙어 있는 상태의 참새우에 데리야키처럼 여러 번 바르면서 구우면 고소한 풍미가 조화를 이루어 술안주에 어울린다.

참새우의 단맛이 사라지지 않도록 짭짤한 소금 맛과 고소함을 발현시키는 것이 비결이다.

게

게에는 여러 종류가 있다. 도시에서 먹을 수 있는 종류로는 대게(한국에서는 영덕 대게가 유명하다), 꽃게, 털게, 왕게(소라게의 일종), 민물게(담수산)가 있다. 이것들은 간토나 간사이의 생선 가게에서도 팔고, 요릿집에서도 먹을 수 있다. 시즈오카현의 니시이즈에서 잡히는 거미게, 규슈에서 볼 수 있는 큰 비단벌레처럼 생긴 바늘꽃방석게, 투박한 가시가 있는 홋카이도 산 가시투성왕게(소라게의 일종) 등 각 지방이 아니면 맛볼 수 없는 게도 많고, 수입산 게도 많다. 서양 요리의 재료로 쓰이는 소프트 셸 크랩Soft shell crab, 대짜은행게, 스톤 크랩 등도 있다.

게의 등딱지 색은 흔히 홍색으로 생각하지만 새우처럼 살아 있을 때의 등딱지 색은 옅은 회색을 띤 갈색이 많다. 데치거나 구우면 빨갛게 변하는 이유는 등딱지 속의 아스타잔틴이 아스타신으로 변했기 때문이다. 죽은 상태에서 공기에 접하거나 식초에 담가도 아스타잔틴이 산화되어 선명한 적색으로 변한다.

게는 구워야 제 맛

게를 좋아하는 사람은 많지만, 등딱지를 떼거나 다리 속의 살을 발라 먹어야 하는 번거로움을 감수하지 않으면 먹을 수 없다. 삶은 게가 눈앞에 있어도 등딱지를 떼고, 아가미를 제거하고, 다리에서 살을 발라내야 비로소 먹을 수 있는 살이 손 안에 들어온다. 가위로 다리를 자르거나 특수한 도구로 살을 발라내야 하므로, 혼자서 삶은 게 한 마리를 먹기까지 10분 정도는 게와 씨름해야 한다.

하지만 힘겹게 발라낸 게살은 얼마나 맛있는가. 고진감래의 만족감을 충분히 느낄 수 있는 맛이다.

그 감칠맛을 구성하는 성분은 글리신이라는 단맛이 강한 아미노산과 베타인이라는 단맛을 내는 감칠맛 성분이다. 날로 먹으면 느껴지는 강한 단맛과 쫄깃한 게살의 식감은 절묘하다고 할 수 있을 정도로 맛있다.

최근 게 코스 요리 메뉴에는 게살 회도 등장했다. 하지만 게에는 기생충이 많으므로 날로 먹는 방법은 그다지 추천하지 않는다.

호쿠리쿠·산인의 대게는 게 중에서 가장 맛있고 고급스러워

인기가 있다. 제철인 겨
울 대게는 '겨울 미각
의 왕'이라고도 한다.
　대게는 엑스분의
아미노산 함량이 홋
카이도의 털게나 왕게보
다 적지만, 맛있고 값도 비싸

다. 그 이유는 살의 감칠맛 성분이 균
형을 이루고 있고, 단맛이 지나치지 않으면서 고급스럽기 때문일
것이다. 개체수도 감소해 희소가치가 높다. 게다가 모양이 털게나
왕게에 비해 단정해 보인다는 점이 털게나 왕게보다 인기 있는
이유 아닐까.

　게의 종류에 따라 감칠맛이 다르지만, 공통점은 감칠맛의 중심
이 아미노산이고, 생선이나 오징어, 문어, 조개류처럼 핵산 관련
물질과는 관계없다는 것이다. 특히 아미노산 중 하나인 글리신은
게살의 단맛을 내는 주성분이다.

　수산학자 고노스 쇼지 등이 오미션 테스트Omission Test라는 방
법으로 대게의 엑스분과 감칠맛의 본질에 대해 연구했다. 그 결
과, 대게를 삶았을 때 살에서 빠져나온 엑스분에 글리신, 알라닌,
아르기닌, 글루타민산, 이노신산, 소금, 인산칼륨이 포함되어 있음
을 밝혔다.

　그중에서 글리신과 아르기닌이 아미노산의 대부분을 차지하고
있다는 점에서, 이 두 가지가 대게의 감칠맛을 내는 열쇠라는 사

실이 밝혀졌다. 이는 모든 게 종류에 해당하지만, 아미노산의 균형은 게의 종류에 따라 달라 각각 특징적인 맛을 내는 것으로 알려졌다.

게는 일반적으로 삶아서 게살을 초간장에 찍어 먹거나 탕이나 된장국을 끓여 먹는다. 삶거나 탕, 된장국을 끓이면 게살의 감칠맛 성분이 빠져나가기 때문에 게살 자체의 맛은 떨어진다. 탕이나 된장국의 경우에는 게의 감칠맛이 국물에 우러나 맛있는 국물을 즐길 수 있으므로, 게살의 감칠맛이 떨어져도 나쁘지 않다.

게살의 감칠맛이 밖으로 빠져나가지 않도록 하는 요리법은 숯의 강한 화력을 이용해서 굽는 것이다. 등딱지 속의 게살은 열을 가하면 단단해지는 동시에 엑스분을 끌어안기 때문에 감칠맛 성분이 밖으로 빠져나가지 않는다. 삶았을 때와 비교하면 게살이 물컹하지 않고 식감이 좋아지며, 감칠맛도 훨씬 강해진다.

데치거나 구운 게살은 보통 식초를 넣은 초간장에 찍어 먹지만, 그보다는 레몬즙을 뿌려 먹는 편이 더 좋다. 레몬의 신맛을 내는 구연산과 휘발성 향 성분 덕에 풍미가 더 깊고 맛이 한층 좋아진다.

탕을 끓여 먹고 남은 국물로 만든 조스이雜炊(죽처럼 밥을 부드럽게 끓인 일본 요리)는 게의 풍미가 살아 있어 특별한 맛을 낸다. 다진 실파를 넣으면 보기에도 좋다.

등딱지의 뜻밖의 용도

게의 맛은 등딱지 가운데에 붙어 있는 내장에 있다. 내장이기 때문에 지방질의 부드러움, 핵산 관련 물질의 맛, 아미노산의 맛이 응축되어, 미식가라 자처하는 이들은 게살을 먹기 전에 내장을 먼저 먹는다. 하지만 내장 상태가 좋지 않은 것은 질척하게 뭉개져 있으므로 먹지 않는 편이 좋다.

게의 등딱지는 다양하게 쓰인다. 등딱지의 풍미를 살려 등딱지 술, 게 도시락의 용기 등으로 사용된다.

최근 게의 등딱지를 알칼리성 액체나 효소로 분해하여 얻은 키틴과 그 유도체인 키토산이 건강과 의료 면에서 각광을 받고 있다. 특히 혈중 콜레스테롤을 억제하는 효과, 체질 개선 효과가 주목받고 있다.

다
시
마
와
김

일본인은 다시마와 김에서 나는 냄새를 좋아하지만, 외국인들은 별로 선호하지 않는다. 초밥이 전 세계에 알려지면서 김을 먹게 된 외국인도 있지만, 다시마가 일본 요리의 감칠맛을 내는 기본 조미료라는 사실은 생각지도 못할 것이다.

해조류 특유의 냄새는 디메틸설파이드라는 유황 화합물이다. 김이 외국인에게 인기가 없는 이유는 이 냄새와 끈적거리는 식감 탓일 것이다.

일본인에게 다시마는 '요로코부よろこぶ'(기쁘다는 뜻으로, 다시마의 일본말인 '곤부昆布'와 발음이 비슷하다)와 관련 있다고 해서 잔칫날에 빠지지 않는 재료다. 식생활에서도 일본 요리 맛의 기본이 되는 '조미료'로서 빠뜨릴 수 없다. 서양 요리로 말하자면 수프 스톡 같은 기능을 한다.

김은 에도 시대부터 발달한 '에도마에 초밥'에서 빠뜨릴 수 없는 식품이다.

일본의 식생활 문화와 관련된 역사는 다음과 같다. 아스카 시대(538~710) 말기에 법전으로 다이호령大宝令(701)이 정해졌다. 이 법률의 조세 품목에는 19종의 해산물이 있었고, 그중에 8종의 해조류가 포함되었다. 다시마와 미역이 신사에 바치는 공물이었다는 사실은 옛날부터 해조류가 일본인의 생활에서 중요한 역할을 했음을 보여준다.

해조류가 식생활에 등장하기 시작한 것은 무로마치 시대(1336~1573)로, 에도 시대에는 홋카이도산 다시마가 류큐 왕국(1429~1879년까지 오키나와에 있던 왕국)으로 수송되어 중국과의 무역에 사용되었다고 한다. 그 영향 때문인지 최근까지 다시마의 국내 소비량은 오키나와가 전국에서 가장 많았다.

미끈거리는 점성에 있는 식물섬유 기능

오늘날 식생활에서 다시마는 국물 맛을 내는 데 빠뜨릴 수 없는 재료다. 다시마의 감칠맛 성분이 글루타민산이라는 사실이 알려졌고, 기술이 발달한 지금은 미생물의 작용으로 글루타민산을 생성할 수 있다. 현재 사용되는 다시마의

종류에는 진다시마眞昆布, 리시리다시마利尻昆布, 미쓰이시다시마三
石昆布, 호소메다시마細目昆布, 나가다시마長昆布가 있다.

국물용으로는 진다시마, 리시리다시마 종류가 사용되고, 조림이
나 반찬용으로는 나가다시마가 사용된다. 호소메다시마는 도로로
곤부とろろ昆布(다시마를 가늘게 썰어서 만든 식품)용으로 사용된다.

다시마를 물에 담그면 미끈거리는 점성 물질이 나온다. 주성
분은 다당류인 알긴산으로, 식물섬유 기능이 있다. 또한 체내의
미네랄 균형을 유지하거나, 발암성 물질의 독성으로부터 몸을 지
켜준다.

일반적으로 다시마는 국물을 우려내는 데 사용하며, 섭씨
80도의 물에 물 양의 2퍼센트에 해당하는 다시마를 넣고 3분 정
도 끓인 후에 다시마를 꺼낸다. 보통 사방 10~20센티미터 크기
로 잘라 사용한다.

그런데 국물이 잘 우러났는지를 글루타민산의 용출량으로 조
사하면, 다시마를 섭씨 100도의 끓는 물에 단시간 넣었다가 꺼내
는 편이 좋다는 것을 알 수 있다. 다시마로 우려낸 국물의 감칠맛
은 글루타민산 외에 알라닌, 아스파라긴산 등의 아미노산과도 관
련이 있다.

김의 원료는 홍조류의 바닷말이다. 시판되는 건조 김은 이 바
닷말을 잘게 썰어 대나무 발에 떠서 말린 것이다.

김의 원료가 되는 바닷말 재배는 이미 350년 전부터 시작되었
다. 오늘날에는 바닷말의 생태를 파악하여 그 주기에 맞춰 재배

방법을 고안 확립했다. 인공 배양한 김의 포자를 바닷물에 방류하면 종묘가 유조체幼藻体가 되어 늦가을부터 망 위에서 성장하고, 겨울에 수확하는 구조다.

김은 고요한 만을 이루고 있는 깨끗한 바다에서 재배하는 것이 좋다. 도쿄만은 김의 생산지였지만, 심각한 해수 오염으로 김 재배에 적합하지 않아 지바현의 일부에서만 양식할 수 있다.

다시마와 마찬가지로 김의 감칠맛을 내는 성분은 아미노산이다. 글루타민산도 있지만, 알라닌이 다시마의 10배나 되기 때문에 김이 훨씬 달게 느껴진다.

김의 바다 향도 다시마와 마찬가지로 디메틸설파이드라는 유황 화합물 때문이다.

요즘처럼 구운 김이나 양념 김이 없었던 시절에는 가정에서 말린 김을 불에 구워 먹었다. 지금은 그런 풍경도 볼 수 없다. 아무튼 술안주로 안성맞춤인 식품이다.

쓰
마
와

양
념

양하, 실파, 차조기, 생강 등

일본 요리 가운데 생선 요리에는 '쓰마つま'(회나 국에 곁들이는 각
종 채소나 해초)가 붙는다. '쓰마'는 '아내'(일본어로 쓰마는 아내를 가
리킨다)에서 비롯되었다. 남편을 보조하는 아내 같은 역할이라는
뜻이다. 생선회가 중심이고 쓰마는 이를 부각시키는 기능을 한다.
'쓰마'를 '겐けん'이라고도 하지만 이 두 용어는 구별해서 사용한다.
양쪽 모두 향을 살리고 미관을 좋게 하기 위한 식물로, 향미나
매운맛을 내는 것도 있다.

    '겐'에 속하는 것에는 무, 오이, 양배추, 양하, 땃두릅, 미역 등이
있다. '쓰마'에 속하는 것에는 여뀌, 무순, 실파, 파드득나물, 차조
기, 자소잎 등 향이 강한 것이 많다.

    양념은 거의 매운맛을 내는 것들이다. 고추냉이, 생강, 산초, 무

간 것 등이 있다.

'쓰마'나 '겐'은 어패류의 비린내를 없애고 살균 작용을 하며 소화 흡수를 돕는다. 또한 접시에 담을 때의 풍치와 계절감을 연출하기도 하다.

'쓰마'나 '겐'은 조릿대 잎 같은 특별한 장식을 제외하고 먹을 수 있다. 대개 먹지 않지만 영양학적으로 봤을 때는 먹는 편이 좋다. 또한 요리사의 마음을 생각하면 먹는 것이 예의일 것이다.

'쓰마'나 '겐'의 효능은 다음과 같다. 실파와 파에는 비타민 B_1, B_2가 들어 있고, 생강 정유는 소화효소 분비를 촉진하며, 차조기나 당근에는 카로틴 등이 들어 있다.

고추냉이의 매운맛 효과

접시에 회를 담아낼 때는 '쓰마'와 '겐'과 '양념'을 하나의 접시에 담는 것이 요리의 기본이다. '겐'을 '시키즈마しきづま'라고도 하는 것처럼, 회를 접시에 높게 올리기 위해 무, 오이, 파 등을 사용한다. 파드득나물, 방풍나물, 자소잎, 자아 같은 '쓰마'는 접시 앞쪽에 놓고, 매운맛의 양념도 집기 쉽도록 접시 앞쪽에 모아놓는다.

간사이의 생선회에는 스이젠노리水前寺海苔(민물에서 자라는 김)를 사용하는 것이 당연시된다.

양념 중에서 고추냉이에는 살균 기능이 있다. 초밥이나 생선회를 고추냉이에 찍어 먹으면 잠깐이기는 해도 안심이 된다.

고추냉이나 무를 갈면 매운맛이 난다. 갈기 전에는 매운맛이 없는 유황 화합물이었지만, 강판에 갈면 매운맛 성분을 가진 세포가 공기에 닿으면서 파괴되어 '미로시나아제'라는 산화 효소가 나온다. 이 산화 효소가 매운맛이 나지 않는 유황 화합물에 작용해서 매운맛을 내는 '이소티오시안산 알릴'이라는 다른 유황 화합물로 변하기 때문이다.

아울러 고추냉이를 갈 때는 잎 쪽에서부터 천천히 오른쪽 방향으로 돌리면서 간다. 잎에서 가까운 쪽이 매운맛이 강해서 오른쪽 방향으로 돌리면서 갈면 크고 넓게 갈리기 때문에 산소에 닿는 면적이 넓어진다. 그 결과, 미로시나아제의 작용이 활발해져 매운맛 성분과 포도당이 생성되어 희미한 단맛이 도는 고급스러운 매운 맛을 낸다. 상어 껍질로 만든 강판을 사용하면 더욱 곱게 갈린다.

붉은 살 생선의 회에 고추냉이가 어울리는 이유는 고추냉이의 매운맛이 참치처럼 기름진 생선의 맛을 잡아주기 때문이다. 흰 살 생선에는 모미지오로시나 다진 실파를 넣은 폰즈 간장이 어울린다. 모미지오로시의 매운맛과 폰즈의 신맛이 흰 살 생선의 단맛을 부각시키기 때문이다.

등 푸른 생선(가다랑어, 정어리 등)에는 향이 강한 생강이 어울린다. 비린내를 없애주기 때문이다. 가다랑어는 혈합육의 냄새가 강하므로, 생강보다 강한 마늘을 써도 좋다.

최근에는 양념의 약효 성분이 주목을 받으면서 노화 방지를 위한 식재료로 이용되고 있다.

후기

최근 대부분의 음식 정보는 '건강식' '다이어트식'에 맞춰져 있다. 일본 경제가 저성장 시대로 들어서면서 성장기의 군살을 빼고, 본래의 건강한 식생활로 돌아가려는 반성에서 비롯된 것으로 좋게 해석하고 싶다.

이 책에서 필자는 평소 먹는 어패류의 진정한 맛과 요리의 과학에 대해 설명했다. 이러한 지식의 도움을 받아 채소와 어패류의 감칠맛을 직접 맛보고, 만족한 식생활과 행복한 맛을 만들어내기를 기대한다. 참치, 도미, 넙치, 전복만 고급스러운 감칠맛을 내는 어패류가 아니다. 정어리나 꽁치 같은 다획어도 구입 방법, 취급법에 따라 고급 생선에 뒤지지 않는 생선이다.

일본인의 어패류 섭취량이 일시적으로 감소했다가 다시 증가한 이유는 어패류의 지방질인 EPA나 DHA의 생리 활성 작용이 주목을 받게 되었기 때문이다. 그러나 실제로는 머리나 꼬리가 붙어 있는 생선을 보면 뒷걸음질치는 젊은이가 여전히 많다.

그뿐 아니라 최근 많은 젊은 세대가 음식의 진정한 맛도 모르면서 음식 정보에만 박식하고, 정작 음식을 만들거나 맛보는 경험은 적다는 사실을 통감한다. 가정에서의 식생활 교육, 음식 경험은 언젠가 자기 자신이 가족의 식사를 책임져야 할 때 유용할 것이다. 어릴 때부터 부엌에 들어가 식사 준비를 도우면서 음식에 관한 풍부한 경험을 쌓는 것이 중요하다.

아울러 본문(학꽁치 항목)에서도 언급했지만, 요즘 냉장고의 기능과 사용법에 대해 간단히 설명하겠다. 부분 동결(미동결) 기능은 섭씨 1도에서 영하 3도 사이이므로, 동결 직전 상태에서 보존이 가능하다. 보통 시장이나 슈퍼에서 구입한 생선이라면 하루나 이틀은 보존할 수 있다. 다만, 숙성은 거의 진행되지 않는다. 이에 반해 보통 냉장실은 섭씨 5~10도이므로 효소의 작용이 완만하여 가정에서도 숙성이 진행되어 맛이 좋아진다.

이 책을 쓰면서 귀중한 자료문헌을 많이 참고했는데, 관련 분야 전문가 분들께 깊이 감사한다.

마지막으로, 신초샤 나카무라 무쓰미 씨의 조언과 협력으로 이 책을 정리할 수 있었다. 지면을 빌려서 고마움을 전한다.

나루세 우헤이

신초 문고판 후기

먹거리를 둘러싼 최근의 환경은 신초샤 선서 『생선 요리의 과학』 초판본이 발행된 1995년과 비교하면 많이 달라졌다. 도시화, 도로 개설, 공장이나 자동차 매연, 삼림 파괴 등은 지구 온난화를 초래했다. 그 결과, 어패류가 서식하는 해수 온도가 상승하여 어업 자원도 급격히 감소했다. 예전에는 일본 근해에서 서식하며 각 계절마다 어획되던 생선들에서 일본 특유의 계절을 느꼈고, 생선을 가장 맛있게 먹을 수 있는 '제철'이라는 것이 있었다. 하지만 이제 예전에는 생각지도 못한 해류의 변화 때문에 일본 근해로 다가오는 회유어의 계절도 사라지고 있다. 어획 기술의 발달과 어패류의 저온 저장, 저온 수송 기술의 진보는 우리의 식생활을 편리하게 해주었지만, 무분별한 남획으로 어업 자원이 감소하여 일본뿐 아니라 전 세계인의 미래 식량자원 확보가 우려되는 상황이다.

어업 자원을 확보할 목적으로 연구 개발된 어패류의 양식·재배 기술도 시행착오를 거듭하면서 발전해 이제는 양식 또는 축양 생선이 자연산과 구별할 수 없을 정도로 맛있어졌다. 다만, 양식산 맛에 길들여진 탓에 자연산의 맛을 잊어버린 사람도 늘어났다. 양식 생선은 슈퍼나 생선 가게에서 언제라도 볼 수 있다. 옛날에는 슈퍼나 생선 가게에 진열된 생선을 보며 계절을 느낄 수 있었지만, 이제는 그러한 계절감이 사라졌고 생선 종류도 다양해졌다. 이처럼 계절감이 사라진 생선도 있으므로, 1995년 발행된 『생선 요리의 과학』 초판본에서 언급한 '생선의 제철'은 지금까지의 어패류 관련 식생활 문화의 한 과정으로 이해해주기 바란다.

마찬가지로 사시사철 일본 각지에서 어획되던 어패류는 각 지역 고유의 맛인 동시에 예로부터 형성된 지역성과 정취를 나타내는 특징이기도 했다. 그러나 해류의 변화 때문에, 본래의 산지에서 더 이상 잡히지 않는 생선이 생각지도 못했던 먼 곳에서 어획되어 새로운 지역 명산물이 되기도 한다. 그 때문에 1995년 간행된 『생선 요리의 과학』 초판본에 기술되어 있는 지역 명산물이 지금은 다르거나 또는 그 반대인 경우도 있다. 이 또한 어패류 관련 식생활 문화의 한 과정으로 이해해주기 바란다.

현재 일본의 식생활 문화와 인간성을 가르치는 교육인 '식육食育'과 함께 '지역 생산, 지역 소비'가 추진되고 있다. 어패류 생산과 관련해서도 기후 조건이나 환경 변화에 따라 각 시기마다 어획된 생선을 소중하게 사용해왔지만, 어획 어종에도 변화가 나타나고 있다. 일본은 지형상 바다와 산이 있으므로, 삼림을 포함한 산의 환경이 나빠지면 어패류가 서식하는 바다 환경도 나빠질 수밖에 없다.

전 세계 사람들이 생선 중심의 일본 요리와 일본의 식문화에 본격적으로 주목하기 시작한 것은 21세기에 들어서부터다. 필자는 2000년부터 5년 동안 교토의 노포 요릿집 주인들의 연구 모임과 일본요리연구회와 함께하며 '교토 요리의 맛과 식재'에 대해 실험과 조리를 토대로 연구해왔다. 예전 교토 요리의 기본인 '맛국물'에 대한 합동 세미나가 교토의 노포 요릿집 주인과 프랑스나 이탈리아 요리사를 대상으로 개최되었다. 이 무렵부터 프랑스나 이탈리아 요리사들이 '맛국물'과 식재로서의 생선에 흥미를 나타내기 시작했던 것으로 보인다. 그후로 지금까지 이들은 서로의 요리에 관한 교류를 계속하고 있다.

어패류에 함유된 건강 기능을 높여주는 성분은 세계 각국에서 주목받고 있다. 그 결과, 예를 들어 대표적인 일본 요리인 '초밥'은 일본 요리로 평가하기 어려운 점도 간혹 있지만, 일본의 생선 요리라는 이미지를 유지하면서 각국의 요리와 조합한 그 나라 특유의 '초밥'으로 명성을 얻었다. 세계 각국에서 활약 중인 일본인 요리사들 역시 각 나라 사람들의 기호에 맞춘 새로운 생선 요리를 선보이고 있다.

일본의 기본적인 생선 요리로는 회, 구이, 조림, 튀김, 건어물과 염장품 등이 있다. 이들 요리는 사면이 바다로 둘러싸여 있는 일본 고유의 지형에서 탄생한 요리다. 마찬가지로 세계 각국에는 그 나라 풍토에 맞는 요리가 존재한다. 앞으로 일본의 생선 요리에는 일본 국내에 도입된 외국 요리법을 이용한 새로운 생선 요리가 늘어날 것으로 예상한다. 어획량이나 자원 감소, 해양 오염 등 우려되는 문제도 있지만, 어패류에 함유된 영양분 가운데는 노화 방지 성분이 많다. 일본인의 식생활에서 생선 소비량이 점차 감소하는 것이 문제이지만, 독자 여러분은 부디 다채롭고 다양한 감칠맛을 지닌 생선 요리에 주목하여 웰빙 생활을 누리기 바란다.

2013년 9월

나루세 우헤이

참고문헌

末廣恭雄·成瀨宇平『暮らしと魚』, 柴田書店

成瀨宇平·野崎洋光, 『調理のこつ』, 柴田書店

河野友美 編, 『新食品事典3』, 眞珠書院

『おもしろいサカナの雜學事典』(別冊歷史讀本), 新人物往來社

田中秀男, 『魚偏に遊ぶ』, PMC出版

成瀨宇平·西ノ宮信一·本山賢司, 『魚の目きき味きき事典』, 講談社

成瀨宇平, 『現代魚食考』, 丸善ライブラリー

每日新聞 北海道 報道部 編, 『北の食物誌』, 每日新聞社

朝日新聞 西部本社 社會部 編, 『ふぐ』, 朝日新聞社

田山準一, 『續マグロの話』, 共立出版

土屋靖彦, 『水産化學』, 恒星社厚生閣

清水亘, 『水産利用學』, 金原出版

末廣恭雄, 『魚の博物事典』, 講談社

杉田浩一·堤忠一·森雅央 編,『新編日本食品事典』, 醫齒藥出版

『魚と貝カラ一百科』, 主婦の友社

小俣靖,『'美味しさ'と味覺の科學』, 日本工業新聞社

日本水産學會 編,『白身の魚と赤身の魚』, 恒星社厚生閣

日本水産學會 編,『魚肉タンパク質』, 恒星社厚生閣

坂口守彦 編,『魚介類のエキス成分』, 恒星社厚生閣

師岡幸夫,『神田鶴八鮨ばなし』, 草思社

科榮技術庁 資源調査會,『五訂補食品成分表』, 女子榮養大學出版部

日本水産油脂協會,『魚介類の脂肪酸組成表』, 光琳

『食の科學』, 116號(1987), 135號(1989), 140號(1989), 145號(1990), 149號 (1990), 154號(1990), 165號(1991), 173號(1992), 182號(1993), 183號 (1993)

'생각하는 혀'를 키우자

나루세 선생님과의 인연은 무사시노영양전문학교 시절 선생님의 제자가 되면서 시작되었습니다. 저는 많이 부족한 제자였습니다. 그리고 졸업하고 10년이 지난 후에 다시 뵙게 되었을 때, "지금은 무슨 일을 하고 있느냐"는 질문을 받고 '요리사'라고 답하자, "함께 책을 만들어보자"고 말씀하셔서 『생선 요리의 '비결'』이라는 책을 공동 집필하여 시바타서점에서 출판했습니다. 현재 저는 80권 정도의 책을 냈습니다만, 『생선 요리의 '비결'』은 제 첫 번째 책이며, 이 책이 없었다면 지금의 저도 없었을 것입니다.

학창시절 저는 선생님께 수산학의 기초를 배웠습니다. 하지만 당시는 제대로 이해하지 못했습니다. 가게에 들어가 수습 요리사로 일을 시작하고 난 후에야 비로소 선생님의 가르침을 조금씩 이해했고, 선생님의 책을 읽으면서 더욱 열심히 공부했습니다. 교토의 요리사 중에는 일본 요리에 일가견 있는 분들이 많고, 기본적으로 선생님의 말씀을 많이 인용하고 있습니다.

그 후에도 여러 곳에서 선생님의 신세를 졌습니다. 선생님은 마치 '나루세 학교' 같은 수업을 계속하고 계십니다. 우리 같은 요리사야 이 세계에서는 한정된 집단에 불과하지만, 선생님의 지인이나 졸업생은 더욱 글로벌한 음식 관련 분야에 종사하고 있습니다. 영양사뿐 아니라 식품 관련 기업에 근무하는 사람이나 병원에서 요리하는 사람, 집단 급식에 종사하고 있는 사람들……. 이들에게 선생님의 수업은 정보 교환의 장이기도 합니다. 세계 경제의 물류 현황도 상세히 배울 수 있습니다.

지금은 요리 분야에서도 과학이 매우 중시되고 있습니다. 최근 흔히 볼 수 있는 프랑스 요리법 중 하나로 저온 조리가 있지만, 이는 오래전부터 일본 요리에서 사용해온 방법입니다. 예를 들면 온천 계란이 그렇습니다. 계란을 끓는 물에 삶으면 딱딱해지지만, 섭씨 75도에서 조리하면 굳지 않아 부드러운 계란이 됩니다.

또한 튀김 전문점에서는 섭씨 200도의 고온에서 재료를 튀긴 후 남은 열기로 튀김 내용물이 70도 안팎을 유지하게 함으로써 최고의 감칠맛을 만듭니다. 닭튀김을 두 번 튀기는 것도 남은 열기를 이용한 조리법입니다. 이처럼 저온 조리는 예로부터 일본 요리에서 평소 이용하던 방법입니다. 그러나 지금까지는 그 맛을 과학으로 증명할 수 없었습니다. 이 책을 읽으면 이런 조리법이 어째서 맛이 있는지, 어떻게 하면 더 맛있게 할 수 있는지를 과학적으로 알 수 있습니다.

예를 들어, 조미료를 넣는 순서를 '사시스네소さしすせそ'(사는 설탕, 시는 소금, 스는 식초, 세는 간장, 소는 된장을 의미한다)라고 하는데, 이는 설탕의 분자가 가장 커서 맛이 배는 데 시간이 걸리기 때문입니다. 토란에 쌀겨와 매운 고추를 넣고 삶는 것이나 생선조림을 만드는 데에도 과학이 존재합니다. 최근 텔레비전에서 전문가들이 요리 이론에 대해 설명하는 모습을 자주 보지만, 결국 이 책에서 나루세 선생님이 말씀하신 것과 같은 내용입니다.

저는 나루세 선생님의 책을 통해 '생각하는 능력'을 배웠습니다.

예를 들면, 컵라면의 염분은 간사이와 간토의 맛이 다르며, 간토의 맛이 더 진합니다. 신문을 보니 어느 대학교수가 그 이유에 대해 추운 지역 사람은 염분을 좋아하기 때문이라고 설명했는데, 그것은 틀린 말입니다. 땀을 흘리는 남쪽 지방 사람들이 염분을 더 좋아합니다. 게다가 냉장고가 일반 가정에 보급되기 시작한 1955년 이전, 도호쿠와 간사이의 기온은 어느 쪽이 더 높았을까요? 기온이 높은 간사이 지방의 음식은 염분이 강하지 않으면 오래 보존할 수 없었을 것입니다.

간토나 도호쿠의 맛이 진한 이유는 장기간 보존해야 했기 때문입니다. 냉장고가 보급되기 전에는 대부분의 식품이 염장으로 보존되었습니다.

얼마 전에 겪은 재해에서도 알 수 있듯이, 도호쿠는 역사적으로 재해와 흉작이 거듭된 지역입니다. 항상 식량을 3년분 이상 비축하지 않으면 굶어 죽는 사람들이 생깁니다. 쌀은 큰 창고에 보관하고 오래된 것부터 순서대로 먹었습니다. 그래서 햅쌀은 정월과 추수철이 아니면 먹을 수 없었을 것입니다. 게다가 쌀은 짠 음식과 먹으면 많이 먹을 수 있기 때문에 염장 식품이 많아진 것입니다. 시골이라서, 추운 지역이라서 음식이 짜다는 생각은 잘못된 것입니다. 이처럼 '생각하는 능력'이 없으면 속설을 그대로 믿어버리게 됩니다.

유목민은 항상 식량을 보존하면서 생활하지만, 도쿄는 일찍부터 신선한 생선을 먹을 수 있었던 곳입니다. 에도는 물류가 발달했었기 때문입니다. 당시의 아사쿠사나 니혼바시는 해안가에 있었습니다. 이케나미 쇼타로의 책에 따르면, 모두 배에서 먹고 잤습니다. 그리고 선착장의 상자에는 살아 있는 생선을 보존했습니다. 그렇게 당시에도 수조가 있었지만 제철 생선은 좀처럼 맛보기 어려웠습니다.

제철 생선은 지방이 적당히 올라 있습니다. 유통과 보존이 어려웠던 시절에는 산화하기 쉬운 지방이 많은 생선을 먹을 수 없었습니다. 바다에서 약 4킬로미터 이상 멀어지는 지역부터는 생선을 날로 먹을 수 없었습니다. 지금은 냉장 설비를 갖춘 공장에서 건어물을 만들고, 어디서나 생선을 날로 먹을 수 있습니다. 첫물 가다랑어는 말만 그렇지 진짜 제철은 산리쿠에서 잡히는 가다랑어입니다. 지방분이 없어서 도사에서 가쓰오부시를 만듭니다.

그렇지만 요즘은 물류의 발달로 식품의 신선도가 크게 달라졌습니다. 규슈에서 오늘 아침에 잡아 올린 생선이 저녁이면 도쿄의 식탁에 오릅니다.

최근 쓰키지의 회전초밥이 유행하고 있지만, 쓰키지에서만 신선한 생선을 먹을 수 있는 것은 아닙니다. 가게마다 급이 있고, 급이 낮은 가게에서는 유통업자에게 값이 싼 생선을 구입할 수 있습니다. 쓰키지 어시장에서 멀리 떨어진 곳에도 신선한 회전초밥집이 있습니다.

물류가 발달하면서 조리 방법도 크게 바뀌었습니다. 신선한 고등어(정어리)가 있으면 생선 조림도 간단히 만들 수 있습니다. 옛날처럼 생강과 함께 졸이지 않아도 충분히 맛있습니다. 다만 처음부터 물에 바로 넣고 끓이면 안 됩니다. 또한 10분 이상 졸이면 딱딱해지고 맛이 나빠집니다. 세포가 굳어서 젤라틴 질이 없어지고, 맛이 배지 않은 푸석푸석한 생선 조림이 되어버립니다. 옛날의 참치 조림과 같습니다. 이 또한 물류가 좋지 않았던 시절의 음식입니다. 또한 육고기도 마찬가지입니다. 차가운 프라이팬에 식재를 넣고 천천히 가열하여 단백질이 굳지 않도록 해야 합니다. 그리고 남은 열기로 천천히 익히면 맛있어집니다. 닭고기 등도 지글지글 소리가 날 정도로 뜨거운 프라이팬에 조리하면 열이 균일하게 흡수되지 않아 덜 익은 부분과 탄 부분이 생겨버립니다. 평평하게 펼쳐 차분히 굽고 남은 열기를 이용해야 합니다. 원리는 앞서 말한 저온 조리와 같습니다. 요리도 계속 진화하고 있으므로, 맛있는 음식을 먹고 싶다면 먹는 사람들도 공부해야 합니다.

요리사들 중에는 전통 방식만을 고집하는 사람도 많아서 왜 이 조리법이 좋은지, 왜 이런 맛을 내는지를 궁금해하지 않는 사람도 있습니다. 그러나 그렇게 하면 요리는 진화하지 못하고, 유통이나 최신 조리 기구에 대응할 수 없습니다. 그런데 이 책을 읽으면 과학적 안목도 생기고, 생각하는 능력도 커집니다.

구워서 잘게 썬 전갱이 건어물을 채소 절임에 섞어 밥 위에 올려 오차즈케를 해 먹으면 풍미가 좋아지는데, 이는 알칼리성 아민류가 채소 절임의 유산에 중화되기 때문이라고 합니다. 알고 보면 너무 재미있지 않습니까? 이를 응용해 새로운 요리를 만들어볼 생각입니다.

주위에서 벌써 네다섯 명이 사 읽은 것 같습니다만, 이 책을 우리 가게의 젊은 사람들에게 추천하면, 요리사에게는 '생각하는 능력'을, 먹는 사람에게는 '생각하는 혀'를 키워줄 것입니다.

2013년 10월
노자키 히로미쓰(레스토랑 '와케토쿠야마' 총요리장)

최근 한 조사에 따르면, 한국인의 식생활에서 육고기가 차지하는 비중이 급속도로 커지고 있다고 한다. 아마도 서구화된 식습관과 집밥보다는 급식이나 잦은 외식 때문인 듯하다.

내 어린 시절에는 밥상에 고기가 오르는 일이 거의 없었던 것 같다. 대개 나물이나 김치에 어쩌다 갈치구이나 고등어 또는 꽁치 조림을 맛보곤 했다. 그런데 옛날과 달리 지금은 횟집이나 초밥집도 많이 생겨서 좀 더 다양한 종류의 생선을 접할 수 있다. 너무나 쉽게 흔하게 접하는 생선이기 때문일까? 각각의 생선에 대해 아는 바가 없다는 사실에 깜짝 놀란다. 예전에는 시장에 가면 생선 가게 장수가 "요즘은 고등어가 물이 좋다"거나 "꽁치가 제철"이라는 말로 손님을 끌었지만, 요즘은 슈퍼에서 깨끗이 손질된 토막 친 갈치나 고등어를 아무런 감흥 없이 사가지고 온다.

이 책은 전갱이, 아귀, 정어리, 오징어, 장어, 참치, 도미, 캐비아,

고래, 전어, 꽁치, 문어 등을 비롯하여 바지락, 전복, 굴, 소라, 가리비, 대하에 이르기까지 각종 어패류에 대해 상세히 설명해준다. 이 생선들을 대부분 먹어봤거나 익히 알고 있는데도 각 생선의 제철이 언제인지, 어떻게 요리해야 맛있는지, 어떤 특징이 있는지 등을 내가 전혀 모른다는 사실에 깜짝 놀랐다.

모든 생선에는 비록 비슷한 종류라 해도 고유의 특성이 있고, 이를 토대로 요리해야 맛있다는 사실을 저자는 이론을 토대로 설명하고 있다. 예를 들면, 생선의 제철은 대개 산란기 전이라고 한다. 산란기 전에 영양분을 몸 안에 가득 저장하기 때문이다. 이 사실을 알고 나니 생선들에게 살짝 미안한 마음도 들었다. 결국 번식을 위해 살을 찌우는 생선들을 잡아먹는 것이니 말이다.

이 밖에도 감칠맛을 내는 성분인 아미노산과, 비린내의 원인인 트리메틸아민 성분, 생선 살의 수분과 회의 식감의 관계, 활어 회와 숙성 회의 차이 등 과학적인 조언이 가득 담겨 있다.

뿐만 아니라 저자는 제철 생선의 맛있는 요리법, 생선과 관련된 지리적·역사적 배경, 옛 식문화에 대한 소개와 생선 이름의 유래까지 다양한 분야에 걸쳐 흥미로운 사실들을 알려준다.

지금까지 생각지도 못했던 생선의 다양한 모습을 알게 되면서 개인적으로 생선 요리에 대한 관심이 커졌다. 식탁 위에 좀 더 맛있는 생선 요리를 올릴 수 있도록 노력해봐야겠다.

이민연

생선 요리의 과학

'생각하는 혀'를 키우는 어패류 사이언스

초판인쇄 2020년 12월 24일
초판발행 2020년 12월 31일

지은이 나루세 우헤이
옮긴이 이민연
펴낸이 강성민
편집장 이은혜
편집 김미진
기획 노만수
마케팅 정민호 김도윤
홍보 김희숙 김상만 지문희 김현지 이소정 이미희

펴낸곳 (주)글항아리 | 출판등록 2009년 1월 19일 제406-2009-000002호
주소 413-120 경기도 파주시 회동길 210
전자우편 bookpot@hanmail.net
전화번호 031-955-2696(마케팅) 031-955-2663(편집부)
팩스 031-955-2557

ISBN 978-89-6735-826-6 03400

이 도서의 국립중앙도서관 출판시도서목록(CIP)은 e-CIP홈페이지(http://www.nl.go.kr/ecip)와
국가자료종합목록 구축시스템(http://kolis-net.nl.go.kr)에서 이용하실 수 있습니다.
(CIP제어번호: CIP2020041128)

geulhangari.com

魚料理のサイエンス